现场监理安全隐患巡查

中元方工程咨询有限公司　组织编写

张存钦　主　编

中国建筑工业出版社

图书在版编目（CIP）数据

现场监理安全隐患巡查 / 中元方工程咨询有限公司
组织编写；张存钦主编 . — 北京：中国建筑工业出版
社，2024.5
ISBN 978-7-112-29872-3

Ⅰ . ①现… Ⅱ . ①中… ②张… Ⅲ . ①建筑施工—施
工监理 Ⅳ . ① TU712.2

中国国家版本馆 CIP 数据核字（2024）第 101837 号

责任编辑：张智芊 宋 凯
责任校对：王 烨

现场监理安全隐患巡查
中元方工程咨询有限公司 组织编写
张存钦 主 编

*

中国建筑工业出版社出版、发行（北京海淀三里河路 9 号）
各地新华书店、建筑书店经销
北京雅盈中佳图文设计公司制版
临西县阅读时光印刷有限公司印刷

*

开本：787 毫米 ×1092 毫米 横 1/16 印张：17 字数：334 千字
2024 年 5 月第一版 2024 年 5 月第一次印刷
定价：**148.00** 元
ISBN 978-7-112-29872-3
（42243）

质量责任重于泰山

安全责任比泰山更重

王早生

中国建设监理协会会长
王早生　题字

《现场监理安全隐患巡查》
编委会

组 织 编 写：中元方工程咨询有限公司

主　　　编：张存钦

主要编写人员：赵普成　贺松林　李慧霞　付方涛　李亚朋　朱少华　黄新华　顾浩航
　　　　　　　马　艳　赵赛赛　黄松强　任艳辉　凌亚新　梁　鹤　李海红　胡帅兵
　　　　　　　陈亚伟　李　永　任春芝　张　清　张　洋

审 核 专 家：杨卫东　王亚东　高玉亭　汪成庆　晏海军　范中东　李加夫　邱海泉

序

在建设工程领域，现场监理安全隐患巡查是保障工程顺利进行的关键。监理工作的主要任务之一是识别和处理可能导致安全事故的隐患，确保施工现场的安全。《建设工程监理规范》GB/T 50319—2013 规定，一旦发现安全事故隐患，监理机构应签发监理通知单，情况严重时则需暂停工程并报告建设单位。可见，"发现安全隐患"是监理单位开展安全生产管理工作的重要内容，也是巡视检查的目的。

每一个安全事故，都不是毫无征兆的，都是由数十上百个微小的隐患一点一点积累起来的。事实证明，各类安全事故的发生多与现场监理人员未能发现隐患有关。例如，2000 年某电视台坍塌事故，监理人员未发现模板支撑不足的问题，导致事故发生。北京某附中坍塌事故，监理人员未发现施工方案擅自更改的问题。江西某电厂倒塌事故，监理人员未发现施工单位私自提前拆模的问题。

现场监理工作的重中之重就是通过加强巡视，发现各种安全隐患。只有及时发现隐患，采取有效措施进行整改，才能防止事故发生。《现场监理安全隐患巡查》一书体现了监理工作的核心思想，即"安全第一、预防为主、综合治理"。书稿结合相关标准，详细介绍了施工现场安全巡查的要点、难点，以及施工现场容易出现的安全隐患及正确处理方法。这不仅是现场监理人员的作业指导工具书，也对施工企业的安全管理具有积极的指导意义。

本书通过对施工现场的安全管理和文明施工各分部分项工程施工过程的逐项分析，为监理人员提供了一个全面的视角来理解和实施有效的监理策略。这本书的编撰旨在提高现场监理人员发现隐患、解决问题的能力，进而确保施工现场的安全和工程的质量。

总之，现场监理人员必须重视巡视工作，发现各种可能危及安全的隐患，及时整改，这是监理工作的重中之重，也是确保工程安全的重要一环。《现场监理安全隐患巡查》一书在此方面具有很好的指导意义。

教授级高级工程师　中国工程监理大师：杨卫东

目　录

第一章

现场临建、基础设施

第一节　封闭管理

图1-1　现场围挡

图1-2　通透性围挡

图1-3　围挡斜撑

一、围挡设置

1. 施工现场应实行封闭管理，并应采用硬质围挡（图1-1）。市区主要路段的施工现场围挡高度不应低于2.5m，一般路段围挡高度不应低于1.8m。围挡应牢固、稳定、整洁。距离交通路口20m范围内占据道路施工设置的围挡，其0.8m以上部分应采用通透性围挡（图1-2），并应采取交通疏导和警示措施。围挡具体高度设置应遵守工程项目所在地相关部门管理规定。

2. 在软土地基上、深基坑影响范围内、城市主干道、流动人员较密集地区及高度超过2m的围挡应选用彩钢板。

彩钢板围挡应符合下列规定：

（1）围挡的高度不宜超过2.5m；

（2）当高度超过1.5m时，宜设置斜撑，斜撑与水平地面的夹角宜为45°（图1-3）；

（3）立柱的间距不宜大于3.6m；

（4）横梁与立柱之间应采用螺栓可靠连接；

（5）围挡应采取抗风措施。

图 1-4　砌体围挡

3. 砌体围挡（图 1-4）的结构构造应符合下列规定：

（1）砌体围挡不应采用空斗墙砌筑方式；

（2）砌体围挡厚度不宜小于 200mm，并应在两端设置壁柱，壁柱尺寸不宜小于 370mm×490mm，壁柱间距不应大于 5.0m；

（3）单片砌体围挡长度大于 30m 时，宜设置变形缝，变形缝两侧均应设置端柱；

（4）围挡顶部应采取防雨水渗透措施；

（5）壁柱与墙体间应设置拉结钢筋，拉结钢筋直径不应小于 6mm，间距不应大于 500mm，伸入两侧墙内的长度均不应小于 1000mm。

图 1-5 项目大门

图 1-6 出入口门禁系统

二、现场大门设置

1. 施工现场进出口应设置大门（图 1-5），并应设置门卫值班室。

2. 应建立门卫值守管理制度，并应配备门卫值守人员。

3. 施工人员进入施工现场应佩戴工作卡。

4. 施工现场出入口应标有企业名称或标识，并应设置车辆冲洗设施。

5. 人员出入口宜设置门禁系统（图 1-6），进入施工现场应实行实名制管理。

图 1-7 项目公示标牌

三、现场标识牌

1.大门口处应设置项目公示标牌（图1-7），主要内容应包括：企业简介、工程概况牌、消防保卫牌、安全生产牌、文明施工牌、工程组织机构人员名单牌、施工现场总平面图。

2.施工现场大门内应有环境保护与绿色施工、消防保卫等制度牌和宣传栏。

3.标牌应规范、整齐、统一。

4.施工现场应有安全标语。

5.应有宣传栏、读报栏、黑板报。

6.具体设置要求尚应遵守工程项目所在地相关部门管理规定。

第二节 临时设施

图 1-8 垃圾分类收集点

图 1-9 应急照明灯

一、办公区

1. 办公区、生活区和施工作业区应分区设置，并采取相应的隔离措施。

2. 建筑垃圾应分类存放、按时处置（图 1-8）。收集、储存、运输或装卸建筑垃圾时应采取封闭措施或其他防护措施。

3. 生活区、办公区的通道、楼梯处应设置应急疏散、逃生指示标识和应急照明灯（图 1-9）。办公室及宿舍内宜设置烟感报警装置。

（a）会议室　　　　　　　　　（b）办公室

图1-10 办公用房

（a）办公区消毒　　　　　　　（b）安放灭鼠设施

图1-11 灭鼠、灭蚊蝇、灭蟑螂

4. 办公用房宜包括办公室、会议室、资料室、档案室等（图1-10）。

5. 办公区和生活区应设专职或兼职保洁员，并应采取灭鼠、灭蚊蝇、灭蟑螂等措施（图1-11）。

6. 办公用房室内净高不应低于2.5m，人均使用面积不宜小于4m²，会议室使用面积不宜小于30m²。

7. 办公室、会议室应有天然采光和自然通风，窗地面积比不应小于1/7，通风开口面积不应小于房间地板面积的1/20。

（a）开水炉

（b）餐厅

（c）健身设施

（d）食堂

图 1-12 生活用房

二、生活区

1. 生活区应设置开水炉、电热水器或保温水桶。开水炉、电热水器、保温水桶应上锁由专人负责管理。

2. 生活用房宜包括宿舍、食堂、餐厅、厕所、盥洗室、浴室、健身设施、文体活动室等（图 1-12）。

3. 严禁使用电热器具。

图 1-13 淋浴室

图 1-14 垃圾容器

4. 生活区应设置盥洗间及淋浴室（图 1-13）。盥洗间应设置盥洗池、水嘴。水嘴与员工的比例宜为 1∶20，水嘴间距不宜小于 700mm；淋浴室的淋浴头与员工的比例宜为 1∶20，淋浴器间距不宜小于 1m。

5. 淋浴室应设置橱衣柜或挂衣架。盥洗间、淋浴室的地面应做硬化和防滑处理。

6. 生活垃圾应装入密闭式容器内（图 1-14），分类存放，并应及时清运、消纳。

图 1-15　宿舍示例

三、宿舍

1. 宿舍必须设置可开启式窗户，宿舍内应设置单人铺，层数不得超过 2 层，严禁使用通铺（图 1-15）。

2. 宿舍内应保证有充足的空间，室内净高不得小于 2.5m，通道宽度不得小于 0.9m，每间宿舍居住人员不得超过 16 人。

3. 夏季宿舍内应有防暑降温和防蚊蝇措施，冬季宿舍内应有采暖和防一氧化碳中毒措施。

4. 宿舍内应设置生活用品专柜，门口应设置垃圾桶。

5. 室内高度低于 2.4m 时，应采用 36V 安全电压。

6. 室内电线严禁私拉乱接。

7. 在建工程内严禁兼作宿舍。

图 1-16 食堂制作间

图 1-17 食堂

四、食堂

1. 食堂与厕所、垃圾站等污染源的距离不宜小于 15m，且不应设在污染源的下风侧。食堂宜采用单层结构，顶棚宜设吊顶。

2. 食堂应设置独立的制作间（图 1-16）、储藏间，门扇下方应设置不低于 0.2m 的防鼠挡板，配备必要的排风设施和冷藏设施，燃气罐应单独设置存放间，存放间应通风良好并严禁存放其他物品。

3. 食堂制作间灶台及其周边应铺贴瓷砖，所贴瓷砖高度宜小于 1.5m，储藏室粮食存放台距墙和地面应大于 0.2m。

4. 食堂的炊具、餐具和公用饮水器具应及时清洗、定期消毒。

5. 食堂应设置密闭式泔水桶。

6. 食堂应取得相关部门颁发的许可证，并应悬挂在制作间醒目位置。炊事人员必须经体检合格并持证上岗，上岗应穿戴洁净的工作服、工作帽和口罩，并应保持个人卫生，非炊事人员不得随意进入食堂制作间。

7. 生熟食分开存放，食品留样不得少于 48h。

8. 食堂（图 1-17）应悬挂卫生管理制度，用餐百人以上应设置隔油池。

图 1-18 移动式厕所

图 1-19 水冲式厕所

五、厕所

1. 施工现场应设置移动式或水冲式厕所（图1-18、图1-19），厕所大小和位置根据作业人员确定，高层建筑施工超过8层以后，每隔4层宜设置可移动临时厕所。

2. 厕所地面应做硬化和防滑处理。墙面应采用饰面材料，高度不低于1.5m。门窗应齐全并通风良好，装有窗纱，宜配置排气装置及采取灯光式捕杀蚊蝇措施。

3. 厕所应设专人负责清扫、消毒，化粪池应及时清掏。

图 1-20　材料堆放区（一）

图 1-21　材料堆放区（二）

六、物料堆放

1. 施工现场机械设备、构件、材料必须按照总平面图规定的位置放置（图 1-20）。施工现场严禁露天存放砂、石、石灰、粉煤灰等易扬尘材料。

2. 各种材料、构件必须按品种、分规格、分区堆放，并设置标识标牌（图 1-21）。

3. 材料堆放必须整齐，做到"散材成方、型材成垛"。大型工具应一头见齐，钢筋、钢模板、构件等应垫起堆放，并有防倾倒措施。材料码放高度不宜超过 2m。

4. 施工现场油漆、油料、气瓶等易燃易爆品应分类专库存放，库房必须符合防火防爆安全要求，并由专人负责，出入库记录齐全。

图1-22 材料堆放区（三）

5.可燃材料及易燃易爆危险品应按计划限量进场。进场后，可燃材料宜存放于库房内，露天存放时，应分类成垛堆放，垛高不应超过2m，单垛体积不应超过50m³，垛与垛之间的最小间距不应小于2m，且应采用不燃或难燃材料覆盖；易燃易爆危险品应分类专库储存（图1-22），库房内应通风良好，并应设置严禁明火标志。

图 1-23　钢筋防护棚

图 1-24　木工防护棚

七、钢筋防护棚、木工防护棚

钢筋防护棚示例如图 1-23 所示，木工防护棚示例如图 1-24 所示。

1. 当安全防护棚的顶棚采用竹笆或木质板搭设时，应采用双层搭设，间距不应小于 700mm，安全防护棚的高度不应小于 4m。

2. 当采用木质板或与其等强度的其他材料搭设时，可采用单层搭设，木板厚度不应小于 50mm。

3. 防护棚的长度应根据建筑物高度与可能坠落半径确定。

第三节　施工现场消防

一、基本规定

1. 施工现场的消防安全管理应由施工单位负责。实行施工总承包时，应由总承包单位负责。分包单位应向总承包单位负责，并应服从总承包单位的管理，同时应承担国家法律、法规规定的消防责任和义务。

2. 施工单位应编制施工现场防火技术方案、施工现场灭火及应急疏散预案，并应根据现场情况变化及时对其进行修改、完善。

3. 施工人员进场时，施工现场的消防安全管理人员应对施工人员进行消防安全教育和培训，同时进行消防安全技术交底。

4. 施工现场出入口的设置应满足消防车通行的要求，并宜布置在不同方向，其数量不宜少于 2 个。

5. 临时消防车道净宽度与净空高度均不应小于 4m，设置环形车道有困难时，应在消防车道尽端设置尺寸不小于 12m×12m 的回车场。

6. 室外消火栓应沿在建工程、临时用房和可燃材料堆场及其加工场均匀布置，与在建工程、临时用房和可燃材料堆场及其加工场的外边线的距离不应小于 5m。

7. 施工现场的消火栓泵应采用专用消防配电线路。专用消防配电线路应自施工现场总配电箱的总断路器上端接入，且应保持不间断供电。

8. 固定动火作业场应布置在可燃材料堆场及其加工场、易燃易爆危险品库房等全年最小频率风向的上风侧，并宜布置在临时办公用房、宿舍、可燃材料库房、在建工程等全年最小频率风向的上风侧。

9. 可燃材料堆场及其加工场、易燃易爆危险品库房不应布置在架空电力线下。

10. 易燃易爆危险品库房应远离明火作业区、人员密集区和建筑物相对集中区。

11. 临时用房和在建工程应采取可靠的防火分隔和安全疏散等防火技术措施。

12. 作业层动火处、办公区、临时宿舍、食堂、仓库等防火部位，按每 100m² 配备 2 个 10L 的灭火器。

13. 临时木工厂、油漆间、配电室等防火部位，按每 25m² 配备 1 个种类合适的灭火器。

14. 施工现场应设置专门的吸烟处，严禁随意吸烟。

15. 动火作业区、施工作业区应按要求设置消防器材。

16. 施工单位应依据灭火及应急疏散预案，定期开展灭火及应急疏散的演练。

17. 施工单位应做好并保存施工现场消防安全管理的相关文件和记录，并应建立现场消防安全管理档案。

18. 可燃材料及易燃易爆危险品应按计划限量进场。易燃易爆危险品应分类专库储存，库房内应通风良好，并应设置严禁明火标志。

19. 动火作业应办理动火许可证，动火操作人员应具有相应资格。

20. 裸露的可燃材料上严禁直接进行动火作业。

21. 焊接、切割、烘烤或加热等动火作业应配备灭火器材，并应设置动火监护人进行现场监护，每个动火作业点均应设置 1 名监护人。

22. 5 级（含 5 级）以上风力时，应停止焊接、切割等室外动火作业；确需动火作业时，应采取可靠的挡风措施。

23. 具有火灾、爆炸危险的场所严禁明火。

24. 施工现场不应采用明火取暖。

25. 严禁使用绝缘老化或失去绝缘性能的电气线路，严禁在电气线路上悬挂物品。破损、烧焦的插座、插头应及时更换，施工现场严禁使用民用插座。

26. 严禁私自改装现场供用电设施。

27. 严禁使用减压器及其他附件缺损的氧气瓶，严禁使用乙炔专用减压器、回火防止器及其他附件缺损的乙炔瓶。

28. 氧气瓶与乙炔瓶的工作间距不应小于 5m，气瓶与明火作业点的距离不应小于 10m。

29. 冬季使用气瓶，气瓶的瓶阀、减压器等发生冻结时，严禁用火烘烤或用铁器敲击瓶阀，严禁猛拧减压器的调节螺丝。

30. 施工现场的重点防火部位或区域应设置防火警示标识。

31. 下列建筑应设置环形临时消防车道，设置环形临时消防车道确有困难时，除应设置回车场外，还应设置临时消防救援场地：

（1）建筑高度大于 24m 的在建工程；

（2）建筑工程单体占地面积大于 3000m^2 的在建工程；

（3）超过 10 栋，且成组布置的临时用房。

32. 临时消防救援场地的设置应符合下列规定：

（1）临时消防救援场地应在在建工程装饰装修阶段设置；

（2）临时消防救援场地应设置在成组布置的临时用房场地的长边一侧及在建工程的长边一侧；

（3）临时救援场地宽度应满足消防车正常操作要求，且不应小于 6m，与在建工程外脚手架的净距不宜小于 2m，且不宜超过 6m。

图 1-25 临时消防给水系统

图 1-26 消防水枪、水带及软管

二、临时消防给水系统

1. 临时用房建筑面积之和大于 1000m² 或在建工程单体体积大于 10000m³ 时，应设置临时消防给水系统（图 1-25）。当施工现场处于市政消火栓 150m 保护范围内，且市政消火栓的数量满足室外消防用水量要求时，可不设置临时室外消防给水系统。

2. 建筑高度大于 24m 或单体体积超过 30000m³ 的在建工程，应设置临时室内消防给水系统。

3. 设置临时室内消防给水系统的在建工程，各结构层均应设置室内消火栓接口及消防软管接口，并应符合下列规定：

（1）消火栓接口及软管接口应设置在位置明显且易于操作的部位；

（2）消火栓接口的前端应设置截止阀；

（3）消火栓接口或软管接口的间距，多层建筑不应大于50m，高层建筑不应大于 30m。

4. 在建工程结构施工完毕的每层楼梯处应设置消防水枪、水带及软管（图 1-26），且每个设置点不应少于 2 套。

图1-27 消火栓

5. 严寒和寒冷地区的现场临时消防给水系统应采取防冻措施。

6. 消防竖管的管径不应小于DN100，消火栓的间距不应大于120m。

7. 室外消火栓（图1-27）应沿在建工程、临时用房和可燃材料堆场及其加工场均匀布置，与在建工程、临时用房和可燃材料堆场及其加工场的外边线的距离不应小于5m。

8. 消火栓的最大保护半径不应大于150m。

9. 设置室内消防给水系统的在建工程，应设置消防水泵接合器。消防水泵接合器应设置在室外便于消防车取水的部位，与室外消火栓或消防水池取水口的距离宜为15~40m。

10. 高度超过100m的在建工程，应在适当楼层增设临时中转水池及加压水泵。中转水池的有效容积不应少于10m³，上、下两个中转水池的高差不宜超过100m。

图 1-28 临时蓄水池

11. 临时消防给水系统的给水压力应满足消防水枪充实水柱长度不小于10m的要求；给水压力不能满足要求时，应设置消火栓泵，消火栓泵不应少于2台，且应互为备用；消火栓泵宜设置自动启动装置。

12. 当外部消防水源不能满足施工现场的临时消防用水量要求时，应在施工现场设置临时蓄水池（图1-28）。临时蓄水池设置在便于消防车取水的部位，其有效容积不应小于施工现场火灾延续时间内一次灭火的全部消防用水量。

13. 施工现场临时消防给水系统应与施工现场生产、生活给水系统合并设置，但应设置将生产、生活用水转为消防用水的应急阀门。应急阀门不应超过2个，且应设置在易于操作的场所，并应设置明显标识。

图 1-29　临时疏散通道

三、临时疏散通道设置

1. 在建工程作业场所的临时疏散通道（图 1-29）应采用不燃、难燃材料建造，并应与在建工程结构施工同步设置，也可利用在建工程施工完毕的水平结构、楼梯。

图 1-30 疏散通道防护栏杆

2. 在建工程作业场所临时疏散通道的设置应符合下列规定：

（1）临边防护设施宜定型化、工具式，杆件的规格及连接固定方式应符合规范要求。

（2）设置在地面上的临时疏散通道，其净宽度不应小于 1.5m；利用在建工程施工完毕的水平结构、楼梯做临时疏散通道，其净宽度不应小于 1.0m；用于疏散的爬梯及设置在脚手架上的临时疏散通道，其净宽度不应小于 0.6m。

（3）临时疏散通道为坡道时，且坡度大于 25°时，应修建楼梯或台阶踏步或设置防滑条。

（4）临时疏散通道不宜采用爬梯，确需采用爬梯时，应有可靠固定措施。

（5）临时疏散通道的侧面如为临空面，必须沿临空面设置高度不小于 1.2m 的防护栏杆（图 1-30）。

（6）临时疏散通道设置在脚手架上时，脚手架应采用不燃材料搭设。

（7）临时疏散通道应设置明显的疏散指示标识。

（8）临时疏散通道应设置照明设施。

第四节 现场应急照明

图 1-31 变配电房

图 1-32 水泵房

基本规定

1.施工现场的下列场所应配备临时应急照明：

（1）自备发电机房及变配电房（图 1-31）；

（2）水泵房（图 1-32）；

（3）无天然采光的作业场所及疏散通道；

（4）高度超过 100m 的在建工程的室内疏散通道；

（5）发生火灾时仍需坚持工作的其他场所。

2.临时消防应急照明灯具宜选用自备电源的消防应急照明灯具（图 1-33），自备电源的连续供电时间不应小于 60min。

图 1-33 消防应急照明灯具

第二章

扬尘治理

第一节 基本规定

1. 项目施工前必须编制切实可行的扬尘防治专项施工方案，经监理单位审核通过后实施。

2. 施工现场应建立健全扬尘污染防治管理体系和管理制度，对工程施工全过程扬尘污染防治进行动态管理。

3. 施工现场应建立洒水清扫制度，安排专人负责定时对场地进行打扫、洒水、保洁。

4. 施工单位是建设项目工程环保扬尘施工的责任主体，全面负责环保扬尘施工实施。施工前应编制环保扬尘施工措施，要求环保扬尘措施在施工组织设计中独立成章或编制专项方案。施工单位应加强施工管理人员、技术人员、监督人员及一线作业人员环保扬尘培训，增强项目作业人员环保扬尘意识。

5. 城市建成区施工禁止现场搅拌混凝土和配制砂浆。

6. 施工场区的主要道路应进行硬化处理，宜采用装配式、定型化可周转的构件铺设。其他道路应采取硬化处理或砖、碎石等铺装。

7. 对现场易产生扬尘污染的路面、裸露地面及存放的土方等，应采用绿色防尘网等覆盖、固化或绿化措施。

8. 场区道路应通畅，路面应平整，有良好的排水措施，保证路面无积水。

9. 黄色预警以上或气象预报风速达到五级以上时，不得进行土方挖填和转运、拆除、道路路面鼓风机吹灰等易产生扬尘的作业，并对作业处覆以防尘网。

10. 建筑工程施工扬尘污染防治的效果接受社会和舆论监督。工程施工或拆除单位应在大门口醒目位置标示本地区建筑扬尘举报电话。

11. 扬尘治理公示牌内容具体设置要求尚应遵守工程项目所在地相关管理规定。

如河南省扬尘治理公示牌内容包括：

（1）扬尘污染防治责任公示牌应在场地入口处醒目位置设置，面向场地外；

（2）公示牌内容应包括：工程名称、工程种类、施工期限、扬尘防治等级、建设单位、监理单位、施工单位、扬尘监管单位以及各单位负责人和项目扬尘防治管理员、监督员、网格员联系电话、投诉电话等；

（3）公示牌高宽比应为3∶2，宽度不应小于800mm，内容采用蓝底白字，应采用硬质材料制作或电子屏幕形式。

12. 施工单位施工前必须根据国家和地方法律、法规及其他监督监管部门要求，制定限产环保扬尘突发事件的应急预案。

13. 施工现场应安装环保扬尘在线实时监控系统，监测颗粒物粉尘浓度不得超过地方环保监督部门管控要求。

第二节　具体要求和做法

图2-1　围挡、道路硬化及喷淋装置

1. 施工现场必须做到周边全部围挡（图2-1）。

2. 主要场区及道路全部硬化（图2-1）。

3. 围挡周围布置雨喷淋，重污染天气及可能产生环保扬尘时必须开启喷淋装置。

4. 土方和散碎物料全部覆盖（图 2-2）。

图 2-2　土方和散碎物料全部覆盖

图2-3　车辆冲洗设施

5.施工现场大门口必须设置冲洗车辆设施（图2-3），施工现场、道路应采取定期洒水抑尘措施。

6. 运输车辆必须采取防护措施（图 2-4），保证物料不得散落、飞扬和遗漏。

图 2-4 密闭运输

图 2-5　拆除工程湿法作业

7.拆除工程施工前编制专项施工方案及应急预案，明确拆除作业环保扬尘措施，应设置围挡，超出时应采取有效的降尘措施，如湿法作业（图 2-5），并应在限定时间内将废弃物及时组织清理。

8. 拆除工程和土方工程全部湿法作业（图 2-6）。

9. 扬尘治理具体做法尚应遵守工程项目所在地管理部门相关规定。

图 2-6 湿法作业

第三章

基坑工程

第一节　基坑开挖

一、基本规定

1. 开挖深度超过 3m（含 3m）或虽未超过 3m 但地质条件和周边环境复杂的基坑（槽）支护、降水工程，应当在施工前编制专项方案。开挖深度超过 5m（含 5m）的基坑（槽）的土方开挖、支护、降水工程，施工单位应当编制专项方案并组织专家对专项方案进行论证。

2. 必须对基坑工程进行危险源辨识，编制有针对性的应急预案。当出现开裂、变形、塌方等险情时，必须立即停止作业，将作业人员撤离危险区域，不得冒险作业。

3. 土方开挖顺序、方法必须与设计工况一致，并遵循开槽支撑、先撑后挖、分层开挖、严禁超挖的原则。

4. 下列基坑工程应实施监测：

（1）开挖深度大于或等于 5m 的基坑工程；

（2）开挖深度小于 5m，但现场地质情况和周围环境较复杂的基坑工程；

（3）其他需要监测的基坑工程。

5. 基坑监测应做好以下工作：

（1）基坑监测应由业主委托有专项资质的第三方单位进行基坑监测；

（2）超过一定规模的危险性较大的分部分项工程（以下简称"危大工程"），须与基坑支护工程一并完成专家论证后实施、监测；

（3）基坑工程整个施工期内，每天均应有专人进行巡视检查。巡视检查应包括以下主要内容：支护结构（有无裂纹、开裂、渗水等），施工工况（是否按方案进行开挖、降排水是否正常），基坑周边环境（管线有无破损、建筑物和道路有无开裂变形等），以及监测设施是否完好；

（4）水平和竖向位移监测点应沿基坑周边布置，间距不宜大于 20m，每边监测点数目不应少于 3 个；

（5）从基坑边缘以外 1~3 倍开挖深度范围内需要保护的建（构）筑物、地下管线等均应监控；

（6）监测项目的变化速率连续 3 天超过报警值的 10% 应报警，并向上级技术部门、工程部门、安监部门报告。

6. 基坑开挖作业时应对各类地下管线进行有效防护，防止管线被挖断损坏导致漏水、漏电、漏气等，威胁到作业人员安全健康。

7. 当多人同时挖土时，应保持足够的安全距离，横向距离不应小于 2m，纵向距离不应小于 3m，禁止面对面进行挖掘作业，严禁采用掏挖的操作方法。

8. 在土方开挖过程中，两台挖土机间距应大于 10m，在挖土机工作范围内，不准进行其他作业。

9. 开挖深度不超过 5m 的基坑，当场地条件允许，并经验算能保证土坡稳定性时，可采用放坡开挖。

10. 在基坑周边破裂面以内不宜建造临时设施；必须建造时应经设计复核，并应采取保护措施。

11. 开挖深度超过 5m 的基坑，有条件采用放坡开挖时，宜设置多级平台分层开挖，每级平台的宽度不宜小于 3m。

12. 基坑开挖时，不得采用局部开挖深坑及底层向四周掏土。

13. 土质松软层基坑开挖必须进行支护；基坑开挖时，应观测坡面稳定情况，当发现坑沿顶面出现裂缝、坑壁松塌或遇涌水、涌砂时，应立即停止施工，加固处理后，方可继续施工。

14. 软土基坑必须分层均衡开挖，层高不宜超过 1m。

图3-1 工具式定型防护栏杆

图3-2 基坑防护栏杆

二、基坑周边防护栏杆

图3-1中存在问题：

①处基坑临边防护栏杆与边坡距离不符合规范要求。

②处挡水墙的砌筑高度不符合规范要求。

正确做法：

（1）基坑临边防护栏杆距离基坑边坡不应小于0.5m。

（2）基坑周边应设置明显的安全警示标识；基坑周边砌筑200~300mm高挡水墙。

图3-2中存在问题：

①处防护栏杆未设置水平杆及挡脚板。

②处安全网脱落，绑扎设置不到位。

③处安全网及防护栏杆处未悬挂安全警示标识。

正确做法：

防护栏杆应为符合国家标准的扣件式防护栏杆或者工具式定型防护栏板。采用扣件钢管防护栏杆时，防护栏杆应为两道横杆，上杆距地面高度应为1.2m，下杆应在上杆和挡脚板中间设置。防护栏杆立杆间距不应大于2m，内侧满挂密目安全网，下设不小于180mm的高挡脚板。防护栏杆及挡脚板刷红白警示漆。防护栏杆和密目安全网内侧悬挂安全警示标识，每面至少挂2个。

图 3-3 基坑周边物料堆放

图 3-4 基坑周边配电室

三、基坑周边堆载

图 3-3 中存在问题：

①处基坑边物料堆放安全距离不符合规范要求。

②处无安全警示标志和警示牌。

正确做法：

（1）基坑周边 1.2m 范围内不得堆载，3m 以内限制堆载。

（2）在支护结构未到达设计强度前进行基坑开挖时，严禁在设计预计的滑（破）裂面范围内堆载。

（3）基坑（槽）、沟边沿 1m 范围内不得堆土、堆料和停置机械设备。

（4）基坑的危险部位、临边、临空位置设置明显的安全警示标识和警戒线，一般在基坑 1.2m 划定区警戒线范围内悬挂"严禁堆载"警示标志。

图 3-4 中存在问题：

①处配电室距离基坑太近。

正确做法：

（1）基坑（槽）、沟边与建（构）筑物的距离不得小于 1.5m；特殊情况下，必须采取有效措施，确保作业人员和建（构）筑物安全。

（2）基坑开挖对建（构）筑物或临时设施有影响时，应提前采取安全防护措施。

图 3-5　全钢标准节定制式人行坡道　　图 3-6　钢管搭设式人行坡道

四、基坑人行坡道或爬梯

1. 槽、坑、沟必须设置人员上下坡道或安全梯。

2. 人行通道可分为全钢标准节定制式（图 3-5）和钢管搭设式（图 3-6）两种。

3. 基坑内应设置供作业人员上下的坡道或爬梯，数量不应少于两个。

4. 深基坑施工应设置扶梯、入坑踏步及专用载人设备或斜道等设施。采用斜道时，应加设间距不大于 400mm 的防滑条等防滑措施。作业人员严禁沿坑壁、支撑或乘运土工具上下。

5. 作业位置的安全通道应畅通。

6. 标示标牌应标明风险等级、工程验收标识。

7. 防护栏杆应为两道横杆，上杆距地面高度应为 1.2m，下杆应在上杆和挡脚板中间设置。防护栏杆立杆间距不应大于 2m，内侧满挂密目安全网，下设不小于 180mm 的高挡脚板。防护栏杆及挡脚板刷红白警示漆。

五、基坑车行通道

图 3-7 基坑车行通道示例

图 3-7 中存在问题：

①处未在车行通道相应位置设置彩旗和警示标志。

②处基坑通道未采取人车分流。

正确做法：

（1）车行通道侧面应根据现场实际情况进行放坡，防止车道发生坍塌。并在车道边设置彩旗、防护等警示标志物。

（2）作业位置的安全通道应畅通。

（3）当挖土机械、运输车辆进入基坑作业时，坡道坡度不应大于 1：7，坡道宽度应满足行车要求，且应有防滑措施。

（4）基坑通道采取人车分流。

第二节　基坑降排水

图3-8　基坑排水沟（一）

一、降排水

图3-8中存在问题：

①处基坑内未按照规范要求设置排水沟。

②处基坑上部排水沟底和侧壁未进行防渗处理。

③处排水沟与基坑边缘的距离不符合规范要求。

④处基坑周边无挡水墙。

正确做法：

（1）基坑的上、下部和四周必须设置排水系统，流水坡向及坡率应明显和适当，不得积水。

（2）在防护栏杆外侧挖设纵向坡度不小于2‰的排水沟和集水井，使地表水不流向基坑，排水沟和集水井宜布置在拟建建筑基础边净距0.4m以外。

（3）基坑上部排水沟与基坑边缘的距离应大于2m，排水沟底和侧壁必须进行防渗处理。

（4）基坑周边砌筑200~300mm高挡水墙。

图 3-9　基坑排水沟（二）

图 3-9 中存在问题：

①处排水沟设置不符合规范要求，坡脚排水沟浸泡边坡。

②处挡水墙高度不符合规范要求。

正确做法：

（1）基坑内集水坑距离坑壁不宜小于 3m。

（2）基坑底部四周应设置排水沟和集水坑，宜布置于地下结构外并距坡脚不小于 0.5m。

（3）基坑采用排水法降低水位时，对降低水位区域的建（构）筑物可能产生沉降，应加强观测，必要时采取防范措施。

（4）雨期施工时，应有防洪、防暴雨措施及排水备用材料和设备。

（5）基坑周边砌筑 200~300mm 高挡水墙。

（6）基坑的上、下部和四周必须设置排水系统，流水坡向及坡率应明显和适当，不得积水。基坑上部排水沟与基坑边缘的距离不应大于 2m，排水沟底和侧壁必须做防渗处理。

图 3-10 降水井

二、基坑井点降水

采用井点降水的降水井口应设置防护盖板或围栏，并应设置明显的警示标志（图 3-10）。

第三节　基坑支护

一、基本规定

1. 基坑支护设计应规定其设计使用期限。基坑支护的设计使用期限不应小于 1 年。

2. 基坑支护应保证基坑周边建（构）筑物、地下管线、道路安全和正常使用，保证主体地下结构的施工空间。

3. 基坑支护设计时，应综合考虑基坑周边环境和地质条件的复杂程度、基坑深度等因素，采用支护结构相应的安全等级。

4. 基坑支护设计前，应查明下列基坑周边环境条件：

（1）既有建筑物的结构类型、层数、位置、基础形式和尺寸、埋深、使用年限、用途等；

（2）各种既有地下管线、地下构筑物的类型、位置、尺寸、埋深、使用年限、用途等；对于既有供水、污水、雨水等地下输水管线，尚应包括其使用状况及渗漏状况；

（3）道路的类型、位置、宽度，道路行驶情况，最大车辆荷载等；

（4）确定基坑开挖与支护结构使用期内施工材料、施工设备的荷载；

（5）雨季时的场地周围地表水汇流和排泄条件，地表水的渗入对地层土性影响的状况。

5. 支撑结构的安装与拆除应符合设计工况及专项施工方案要求。必须严格遵守先支撑后开挖的原则。

6. 基坑支护应进行变形监测和沉降观测记录。安全等级为一级、二级的支护结构，在基坑开挖过程与支护结构使用期内，必须进行支护结构的水平位移监测和基坑开挖影响范围内建（构）筑物、地面的沉降监测。

7. 基坑支护设计及施工应综合考虑工程地质与水文地质条件、基础类型、基坑开挖深度、降排水、周边环境对基坑侧壁位移的要求、基坑周边荷载、施工季节、支护结构使用期限等因素，合理设计、精心施工、严格监控。

二、自然放坡

1. 当场地条件允许，并经验算能保证边坡稳定性时，可采用放坡开挖（图 3-11）。多级放坡时应同时验算各级边坡和多级边坡的整体稳定性。坡脚附近有局部坑内深坑时，应按深坑深度验算边坡稳定性。

2. 应根据土层性质、开挖深度、荷载等，通过计算确定坡体坡度、放坡平台宽度。

3. 无隔水帷幕放坡开挖基坑采取降水措施的，降水系统宜设置在单级放坡基坑的坡顶或多级放坡基坑的放坡平台、坡顶。

4. 坡体表面可根据基坑开挖深度、基坑暴露时间、土质条件等情况采取护坡措施，护坡可采取水泥砂浆、挂网砂浆、混凝土、钢筋混凝土等方式，也可采用压坡法。

5. 边坡位于浜填土区域的，应采用土体加固等措施后方可进行放坡开挖。

6. 放坡开挖基坑的坡顶及放坡平台的施工荷载应符合设计要求。

图 3-11 基坑放坡开挖

三、土钉墙（喷锚支护）

图 3-12 喷锚支护

1. 土钉墙（图 3-12）应按每层土钉及混凝土面层分层设置、分层开挖基坑的步序施工。

2. 土钉水平间距和竖向间距宜为 1~2m；当基坑较深、土的抗剪强度较低时，土钉间距应取小值。土钉倾角宜为 5°~20°，其夹角应根据土性和施工条件确定。

3. 钢筋使用前，应调直并清除污锈；当钢筋需要连接时，宜采用搭接焊、帮条焊；应采用双面焊，双面焊的搭接长度或帮条长度应不小于主筋直径的 5 倍，焊缝高度不应小于主筋直径的 0.3 倍。

4. 对中支架的断面尺寸应符合土钉杆体保护层厚度要求，对中支架可选用直径 6~8mm 的钢筋焊制。

5. 注浆材料可选用水泥浆或水泥砂浆；水泥浆的水灰比宜取 0.5~0.55；水泥砂浆的水灰比宜取 0.40~0.45，同时，灰砂比宜取 0.5~1.0，拌合用砂宜选用中粗砂，按重量计的含泥量不得大于 3%。

6. 喷射作业应分段依次进行，同一分段内喷射顺序应自下而上均匀喷射，一次喷射厚度宜为 30~80mm。

7. 喷射混凝土时，喷头与土钉墙墙面应保持垂直，其距离宜为 0.6~1.0m。

8. 喷射混凝土终凝 2h 后应及时喷水养护。

图 3-13 地下连续墙施工

四、地下连续墙

1. 地下连续墙施工（图 3-13）应根据地质条件的适应性等因素选择成槽设备。成槽施工前应进行成槽试验，并应通过试验确定施工工艺及施工参数。

2. 成槽施工前，应沿地下连续墙两侧设置导墙，导墙宜采用混凝土结构，且混凝土的设计强度等级不宜低于 C20。导墙底面不宜设置在新近填土上，且埋深不宜小于 1.5m。导墙的强度和稳定性应满足成槽设备和顶拔接头管施工的要求。

3. 成槽时的护壁泥浆在使用前，应根据泥浆材料及地质条件试配及进行室内性能试验，泥浆配比应按试验确定。

4. 单元槽段宜采用间隔一个或多个槽段的跳幅施工顺序。每个单元槽段，挖槽分段不宜超过 3 个。成槽过程护壁泥浆液面应高于导墙底面 500mm。

5. 钢筋笼制作时，纵向受力钢筋的接头不宜设置在受力较大处。同一连接区段内，纵向受力钢筋的连接方式和连接接头面积百分率应符合国家现行有关标准对板类构件的规定。

6. 槽段长度不大于 6m 时，槽段混凝土宜采用两根导管同时浇筑；槽段长度大于 6m 时，槽段混凝土宜采用三根导管同时浇筑。每根导管分担的浇筑面积应基本均等。钢筋笼就位后应及时浇筑混凝土。混凝土浇筑过程中，导管埋入混凝土面的深度宜在 2.0~4.0m，浇筑液面的上升速度不宜小于 3m/h。混凝土浇筑面宜高于地下连续墙设计顶面 500mm。

五、重力式水泥土墙

1. 水泥土墙宜采用水泥土搅拌桩相互搭接形成的格栅状结构形式，也可采用水泥土搅拌桩相互搭接成实体的结构形式。

2. 重力式水泥土墙（图 3-14）的嵌固深度，对淤泥质土，不宜小于 1.2h；对淤泥，不宜小于 1.3h；重力式水泥土墙的宽度（B），对淤泥质土，不宜小于 0.7h；对淤泥，不宜小于 0.8h；此处 h 为基坑深度。

3. 水泥土搅拌桩的搭接宽度不宜小于 150mm。

4. 水泥土墙体 28d 无侧限抗压强度不宜小于 0.8MPa。当需要增强墙身的抗拉性能时，可在水泥土桩内插入杆筋。杆筋可采用钢筋、钢管或毛竹。杆筋的插入深度宜大于基坑深度。杆筋应锚入面板内。

5. 水泥土墙顶面宜设置混凝土连接面板，面板厚度不宜小于 150mm，混凝土强度等级不宜低于 C15。

图 3-14　重力式水泥土墙

图 3-15 排桩

六、排桩

1. 排桩（图 3-15）的桩型与成桩工艺应根据桩所穿过土层的性质、地下水条件及基坑周边环境要求等选择桩型。

2. 在有主体建筑地下管线的部位，排桩冠梁宜低于地下管线。

3. 支护桩顶部应设置混凝土冠梁。冠梁的宽度不宜小于桩径，高度不宜小于桩径的 0.6 倍。

4. 排桩的桩间土应采取防护措施。桩间土防护措施宜采用内置钢筋网或钢丝网的喷射混凝土面层。喷射混凝土面层的厚度不宜小于 50mm，混凝土强度等级不宜低于 C20，混凝土面层内配置的钢筋网的纵横向间距不宜大于 200mm。钢筋网或钢丝网宜采用横向拉筋与两侧桩体连接，拉筋直径不宜小于 12mm，拉筋锚固在桩内的长度不宜小于 100mm。钢筋网宜采用桩间土内打入直径不小于 12mm 的钢筋钉固定，钢筋钉打入桩间土中的长度不宜小于排桩净间距的 1.5 倍且不应小于 500mm。

5. 排桩采用素混凝土桩与钢筋混凝土桩间隔布置的钻孔咬合桩形式时，支护桩的桩径可取 800~1500mm，相邻桩咬合不宜小于 200mm。素混凝土桩应采用强度等级不小于 C15 的超缓凝混凝土，其初凝时间宜控制在 40~70h，坍落度宜取 12~14mm。

第四章

脚手架

第一节 落地作业脚手架

一、基本规定

1. 双排脚手架搭设高度超过 24m 时应编制专项施工方案，经总监理工程师审批后实施。双排脚手架搭设高度不宜超过 50m，高度超过 50m 的落地式钢管脚手架，应采用分段搭设等措施，并应组织专家对专项方案进行论证，按专家论证意见组织实施。

2. 脚手架的宽度不应小于 0.8m，且不宜大于 1.2m。作业层高度不应小于 1.7m，且不宜大于 2.0m。

3. 脚手架同时满载作业的层数不应超过 2 层。

4. 在脚手架作业层上进行电焊、气焊和其他动火作业时，应采取防火措施，并应设专人监护。

5. 作业层上的施工荷载应符合设计要求，不得超载。不得将模板支架、缆风绳、泵送混凝土和砂浆的输送管等固定在架体上；严禁悬挂起重设备，严禁拆除或移动架体上的安全防护设施。

6. 在脚手架使用期间，立杆基础下及附近不宜进行挖掘作业。当因施工需要需进行挖掘作业时，应对架体采取加固措施。

7. 当遇 6 级及以上大风、雨雪、浓雾天气时，应停止脚手架的搭设与拆除作业，以及脚手架上的施工作业。雨雪、霜后脚手架作业时，应有防滑措施，并应扫除积雪。

8. 搭设和拆除脚手架作业应有相应的安全设施。操作人员应佩戴安全帽、安全带和防滑鞋。脚手架搭设前，应向施工人员进行安全和技术交底。

9. 脚手架安装与拆除人员必须是经考核合格的专业架子工。架子工应持证上岗。

10. 脚手架的搭设应与主体结构工程施工同步，一次搭设高度不应超过最上层连墙件 2 步，且自由高度不应大于 4m。

11. 搭拆脚手架时，应划出安全区，设置警戒标志，并派专人看管。

12. 当双排脚手架设置门洞时，应在门洞上部架设桁架托梁，门洞两侧立杆应对称加设竖向斜撑杆或剪刀撑。

13. 盘扣式作业架的高宽比宜控制在 3 以内；当作业架高宽比大于 3 时，应设置抛撑或缆风绳等抗倾覆措施。

14. 作业架拆除应按先装后拆、后装先拆的原则进行，不应上下同时作业。双排外脚手架连墙件应随脚手架逐层拆除，分段拆除的高度差不应大于 2 步。当作业条件限制，出现高度差大于 2 步时，应增设连墙件加固。

15. 夜间不宜进行脚手架搭设与拆除作业。

16. 脚手架安全防护网和防护栏杆等防护设施应随架体搭设同步安装到位，脚手架在使用过程中，应定期进行检查并形成记录，脚手架工作状态应符合下列规定：

（1）主要受力杆件、剪刀撑等加固杆件和连墙件应无缺失、无松动，架体应无明显变形；

（2）场地应无积水，立杆底端应无松动、无悬空；

（3）安全防护设施应齐全、有效，应无损坏缺失。

17. 施工前应按规范规定和脚手架专项施工方案要求对钢管、扣件、脚手板、可调托撑、密目式安全立网等进行检查验收，不合格产品不得使用。

18. 脚手架构配件应具有良好的互换性，且可重复使用。构配件出厂质量应符合国家现行相关产品标准的要求，杆件、构配件的外观质量应符合下列规定：

（1）不得使用带有裂纹、折痕、表面明显凹陷、严重锈蚀的钢管；

（2）铸件表面应光滑，不得有砂眼、气孔、裂纹、浇冒口残余等缺陷，表面黏砂应清除干净；

（3）冲压件不得有毛刺、裂纹、明显变形、氧化皮等缺陷；

（4）焊接件的焊缝应饱满，焊渣应清除干净，不得有未焊透、夹渣、裂纹等缺陷。

图4-1　扣件式钢管脚手架钢管

二、钢管

1. 扣件式钢管脚手架钢管（图4-1）要求：

（1）宜采用$\phi48.3 \times 3.6$钢管，每根钢管的最大质量不应大于25.8kg。

（2）钢管表面应平直，其弯曲度不得大于管长的1/500。钢管表面应平直光滑，不应有裂缝、结疤、分层、错位、硬弯、毛刺、压痕和深的划道。

（3）钢管两端端面应平整，不得有斜口，并严禁使用有裂缝、表面分层硬伤（压扁、硬弯、深划痕）、毛刺和结疤等的钢管。

（4）旧钢管应每年检查一次锈蚀情况。检查时，应在锈蚀严重的钢管中抽取3根，在每根锈蚀严重的部位，进行横向截断检查，其锈蚀深度不得超过0.5mm。

（5）钢管上严禁打孔，在使用前应涂刷防锈漆。

图4-2 承插型盘扣式钢管脚手架钢管

2.承插型盘扣式钢管脚手架钢管（图4-2）要求：

（1）标准型支架的立杆钢管的外径应为48.3mm，水平杆和水平斜杆钢管的外径应为48.3mm，竖向斜杆钢管的外径可为33.7mm、38mm、42.4mm和48.3mm，可调底座和可调托撑丝杆的外径应为38mm；

（2）重型支架的立杆钢管的外径应为60.3mm，水平杆和水平斜杆钢管的外径应为48.3mm，竖向斜杆钢管的外径可为33.7mm、38mm、42.4mm和48.3mm，可调底座和可调托撑丝杆的外径应为48mm；

（3）立杆、水平杆、斜杆及构配件内外表面应热浸镀锌，不应涂刷油漆和电镀锌，构件表面应光滑，在连接处不应有毛刺、滴瘤和结块，镀层应均匀、牢固。

图4-3 扣件式钢管脚手架扣件

图4-4 承插型盘扣式钢管脚手架构件

三、构件

1. 扣件式钢管脚手架扣件（图4-3）要求：

（1）扣件应采用可锻铸铁或铸钢制作，其质量和性能应符合现行国家标准的规定，采用其他材料制作的扣件，应经试验证明其质量符合该标准的规定后方可使用；

（2）扣件在螺栓拧紧扭力矩达到65N·m时，不得发生破坏。

2. 承插型盘扣式钢管脚手架构件（图4-4）要求：

（1）铸件表面应做光整处理，不应有裂纹、气孔、缩松、砂眼等铸造缺陷，应将黏砂、浇冒口残余、披缝、毛刺、氧化皮等清除干净；

（2）冲压件应去毛刺，无裂纹和氧化皮等缺陷；

（3）制作构件的钢管不应接长使用；

（4）插销外表面应与扣接头内接触表面吻合；插销底端应设置弯钩，且应具有可靠防拔脱构造措施；

（5）焊丝应符合气体保护电弧焊用碳钢、低合金钢焊丝的要求，有效焊缝高度应不小于3mm；

（6）焊缝应平整光滑、饱满，无明显漏焊、焊穿、夹渣、咬边、裂纹等缺陷；

（7）所有构配件焊接连接处均应满焊，且连接盘与立杆连接处应双面焊接。

图 4-5 落地式脚手架基础

图 4-6 承插盘扣式脚手架基础

四、基础

基础通用要求如下：

1. 应平整坚实，满足承载力和变形要求。

2. 应设置排水措施，搭设场地不应积水。

3. 冬期施工应采取防冻胀措施。

落地式脚手架基础如图 4-5 所示，承插盘扣式脚手架基础如图 4-6 所示。

图 4-7　脚手架防雷接地

图 4-8　承插型盘扣式钢管脚手架盘扣节点

五、防雷接地

施工现场内钢脚手架和正在施工的在建工程等的金属结构，当在相邻建筑物、构筑物等设施的防雷装置接闪器的保护范围以外时，应按规定安装防雷装置（图 4-7）。

建筑物四个大角设置防雷接点，接地线采用 40mm×4mm 镀锌扁钢用两道螺栓卡箍与立杆主体结构连成一体，并保证防雷接地有效。

六、承插型盘扣式钢管脚手架盘扣节点

1. 杆端扣接头与连接盘的插销连接锤击自锁后不应拔脱。

2. 插销销紧后，扣接头端部弧面应与立杆外表面贴合。

图 4-8 为承插型盘扣式钢管脚手架盘扣节点。

图 4-9　扣件式钢管脚手架立杆　　　　图 4-11　立杆搭接

图 4-10　扣件式钢管脚手架立杆对接扣件

七、立杆

1. 扣件式钢管脚手架立杆：

（1）每根立杆底部宜设置底座或垫板，底座、垫板均应准确地放在定位线上。垫板应采用长度不少于 2 跨、厚度不小于 50mm、宽度不小于 200mm 的木垫板（图 4-9）。

（2）立杆纵距宜在 1.2~1.5m，并符合专项施工方案。

（3）立杆接长除顶层顶步外，其余各层各步接头必须采用对接扣件连接（图 4-10）。

（4）当立杆采用对接接长时，立杆的对接扣件应交错布置，两根相邻立杆的接头不应设置在同步内，同步内隔一根立杆的两个相隔接头在高度方向错开的距离不宜小于 500mm；各接头中心至主节点的距离不宜大于步距的 1/3。

（5）当立杆采用搭接接长时，搭接长度不应小于 1m，并应采用不少于 2 个旋转扣件固定。端部扣件盖板的边缘至杆端距离不应小于 100mm（图 4-11）。

（6）内外立杆的连线应垂直于建筑物结构边线，紧贴的每一组立杆必须设置横向水平杆（图 4-12）。

（7）架体阴阳转角处应设置 4 道立杆，纵向水平杆应连通封闭。脚手架阳角内侧可设置竖向支撑，保证阳角方正顺直（图 4-13）。

（8）脚手架立杆顶端栏杆宜高出女儿墙上端 1m，宜高出檐口

图 4-12　横向水平杆

图 4-13　立杆转角设置

图 4-14　立杆顶端栏杆

图 4-15　承插型盘扣式钢管脚手架立杆

上端 1.5m，并应采用不少于 2 个旋转扣件固定。端部扣件盖板的边缘至杆端距离不应小于 100mm（图 4-14）。

2. 承插型盘扣式钢管脚手架立杆（图 4-15）：

（1）立杆底部应设置垫板或可调底座；

（2）首层立杆宜采用不同长度的立杆交错布置；

（3）当立杆处于受拉状态时，立杆的套管连接接长部位应采用螺栓连接；

（4）脚手架搭设完成后，立杆的垂直偏差不应大于支撑架总高度的 1/500，且不得大于 50mm。

图 4-16 扫地杆

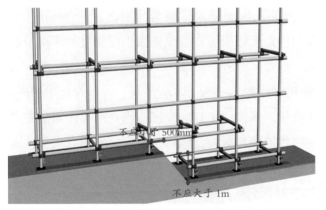

图 4-17 立杆基础不在同一高度设置方式

八、扫地杆

1. 通用要求

脚手架底部立杆应设置纵向和横向扫地杆（图 4-16），扫地杆应与相邻立杆连接稳固。

2. 扣件式钢管脚手架扫地杆要求

（1）纵向扫地杆应采用直角扣件固定在距钢管底端不大于 200mm 处的立杆上；

（2）横向扫地杆则用直角扣件固定在紧靠纵向扫地杆下方的立杆上；

（3）脚手架立杆基础不在同一高度上时，必须将高处的纵向扫地杆向低处延长 2 跨与立杆固定，高低差不应大于 1m。靠边坡上方的立杆轴线到边坡的距离不应小于 500mm（图 4-17）。

3. 盘扣式脚手架地基高差较大时，可利用立杆节点位差配合可调底座进行调整。

图4-18　纵向水平杆

图4-19　横向水平杆

九、水平杆

1.通用要求

水平杆搭设步距不应超过2m。

2.扣件式纵向水平杆（图4-18）

（1）纵向水平杆应设置在立杆内侧，单根长度不应小于3跨；

（2）纵向水平杆接长应采用对接扣件连接或搭接，并应符合下列规定：

1）两根相邻纵向水平杆接头不应设置在同步或同跨内；不同步不同跨两个相邻接头在水平方向错开的距离不应小于500mm；各接头中心至最近主节点的距离不应大于纵距的1/3。

2）搭接长度不小于1m时，应等间距设置3个旋转扣件固定；端部扣件盖板边缘至搭接纵向水平杆杆端的距离不应小于100mm。

3）当使用冲压钢脚手板、木脚手板、竹串片脚手板时，纵向水平杆应作为横向水平杆的支座，用直角扣件固定在立杆上；当使用竹笆脚手板时，纵向水平杆应采用直角扣件固定在横向水平杆上，并应等间距设置，间距不应大于400mm。

3.扣件式双排钢管脚手架横向水平杆（图4-19）

（1）作业层应按铺设脚手板的需要增加设置横向水平杆。

图 4-20　承插型盘扣式钢管脚手架水平杆

作业层上非主节点处的横向水平杆，宜根据支承脚手板的需要等间距设置，最大间距不应大于纵距的 1/2。

（2）当使用冲压钢脚手板、木脚手板、竹串片脚手板时，双排脚手架的横向水平杆两端均应采用直角扣件固定在纵向水平杆上。

（3）当使用竹笆脚手板时，双排脚手架的横向水平杆两端，应用直角扣件固定在立杆上。

（4）主节点处必须设置一根横向水平杆，用直角扣件扣接且严禁拆除。

（5）双排脚手架横向水平杆的靠墙一端至墙装饰面的距离不应大于 100mm。

4. 承插型盘扣式钢管脚手架水平杆（图 4-20）

（1）应根据施工方案计算得出的立杆纵横向间距选用定长的水平杆和斜杆，并应根据搭设高度组合立杆、基座、可调托撑和可调底座。

（2）搭设双排外作业架时或搭设高度 24m 及以上时，应根据使用要求选择架体几何尺寸，相邻水平杆步距不宜大于 2m。

（3）当标准型（B 形）立杆荷载设计值大于 40kN，或重型（Z 形）立杆荷载设计值大于 65kN 时，脚手架顶层步距应比标准步距缩小 0.5m。

图 4-21　剪刀撑（一）

十、剪刀撑

1. 通用要求

（1）作业脚手架的纵向外侧立面上应设置竖向剪刀撑（图 4-21）。

（2）每道剪刀撑的宽度应为 4~6 跨，且不应小于 6m，也不应大于 9m；剪刀撑斜杆与水平面的倾角应在 45°~60°之间。

（3）当搭设高度在 24m 以下时，应在架体两端、转角及中间每隔不超过 15m 设置一道剪刀撑，并应由底至顶连续设置；当搭设高度在 24m 及以上时，应在全外侧立面上由底至顶连续设置。

（4）当采用竖向斜撑杆、竖向交叉拉杆替代作业脚手架竖向剪刀撑时，应符合下列规定：

1）在作业脚手架的端部、转角处应各设置一道；

2）搭设高度在 24m 以下时，应每隔 5~7 跨设置一道；搭设高度在 24m 及以上时，应每隔 1~3 跨设置一道，相邻竖向斜撑杆应朝向对称呈八字形设置；

3）每道竖向斜撑杆、竖向交叉拉杆应在作业脚手架外侧相邻纵向立杆间由底至顶按步连续设置。

图 4-22　剪刀撑（二）

2.扣件式钢管脚手架剪刀撑

（1）脚手架表面应涂刷油漆，剪刀撑表面应刷警示漆；

（2）每道剪刀撑跨越立杆的根数应按表 4-1 的规定确定；

<table>
<tr><td colspan="4" style="text-align:center">剪刀撑跨越立杆的根数与剪刀撑斜杆与
地面的倾角关系　　　　　　　　表 4-1</td></tr>
<tr><td>剪刀撑斜杆与地面的倾角（α）</td><td>45°</td><td>50°</td><td>60°</td></tr>
<tr><td>剪刀撑跨越立杆的最多根数（n）</td><td>7</td><td>6</td><td>5</td></tr>
</table>

（3）剪刀撑斜杆应用旋转扣件固定在与之相交的横向水平杆的伸出端或立杆上，旋转扣件中心线至主节点的距离不宜大于 150mm；

（4）剪刀撑斜杆的接长应采用搭接（图 4-22），搭接长度不应小于 1m，并应采用不少于 2 个旋转扣件固定。端部扣件盖板的边缘至杆端距离不应小于 100mm。

图 4-23　承插型盘扣式钢管脚手架斜杆

十一、斜杆

承插型盘扣式钢管脚手架斜杆（图 4-23）应满足以下要求：

1. 双排作业架的外侧立面上应设置竖向斜杆；

2. 在脚手架的转角处、开口型脚手架端部应由架体底部至顶部连续设置斜杆；

3. 应每隔不大于 4 跨设置一道竖向或斜向连续斜杆；当架体搭设高度在 24m 以上时，应每隔不大于 3 跨设置一道竖向斜杆；

4. 竖向斜杆不应采用钢管扣件。

采用之字形连续布设

图 4-24 横向斜撑

十二、扣件式钢管脚手架横向斜撑

1. 横向斜撑（图 4-24）应在同一节间，由底至顶层采用之字形连续布设。斜撑宜采用旋转扣件固定在与之相交的横向水平杆的伸出端上，旋转扣件中心线至主节点的距离不宜大于 150mm。当斜撑在 1 跨内跨越 2 个步距时，宜在相交的纵向水平杆处，增设一根横向水平杆，将斜撑固定在其伸出端上。

2. 高度在 24m 以下的封闭型双排脚手架可不设横向斜撑，高度在 24m 以上的封闭型脚手架，除拐角应设置横向斜撑外，中间应每隔 6 跨设置一道。

3. 一字形、开口形双排架两端口均必须设置横向斜撑。

4. 建筑物转角处作业脚手架内外两侧立杆上应按步设置斜撑杆，将转角处两榀门架连成一个整体。

图 4-25 连墙件

十三、连墙件

1. 通用要求

（1）应从底层第一步纵向水平杆处开始设置，连墙点的水平间距不得超过 3 跨，竖向间距不得超过 3 步，连墙点之上架体的悬臂高度不应超过 2 步。

（2）在架体的转角处、开口型作业脚手架端部应增设连墙件（图 4-25），连墙件竖向间距不应大于建筑物层高，且不应大于 4m。

（3）连墙件的安装应随作业脚手架搭设同步进行。

（4）当作业脚手架操作层高出相邻连墙件 2 个步距及以上时，在上层连墙件安装完毕前，应采取临时拉结措施。

2. 扣件式钢管脚手架

（1）在一字形、开口形两端必须加强设置连墙件。

（2）应靠近主节点设置，偏离主节点的距离不应大于 300mm。

（3）应优先采用菱形布置，或采用方形、矩形布置。

（4）连墙件必须采用可承受拉力和压力的构造。对高度 24m 以上的双排脚手架，应采用刚性连墙件与建筑物连接。

（5）落地式脚手架连墙件数量的设置应按 3 步 3 跨，每根连墙件的覆盖面积不大于 40m²。

图 4-26 脚手架水平防护（一）

图 4-27 脚手架水平防护（二）

（6）连墙件中的连墙杆应呈水平设置，当不能水平设置时，应向脚手架一端下斜连接。

（7）当脚手架下部暂不能设连墙件时应采取防倾覆措施。当搭设抛撑时，抛撑应采用通长杆件，并用旋转扣件固定在脚手架上，与地面的倾角应在 45°~60°；连接点中心至主节点的距离不应大于 300mm。抛撑应在连墙件搭设后方可拆除。

（8）架高超过 40m 且有风涡流作用时，应采取抗上升翻流作用的连墙措施。

（9）施工过程中严禁擅自拆除连墙件。

3. 承插型盘扣式钢管脚手架

（1）连墙件应靠近水平杆的盘扣节点设置，连墙点应均匀分布；

（2）连墙件宜采用菱形布置，也可采用矩形布置；

（3）当脚手架下部不能搭设连墙件时，宜外扩搭设多排并设置斜杆，形成外侧斜面状附加梯形架；

（4）连墙件应采用刚性杆件。

图 4-26、图 4-27 为脚手架水平防护示例图。

图 4-28　冲压钢脚手板（一）

十四、脚手板材料

1. 冲压钢脚手板（图 4-28）的钢板厚度不宜小于 1.5mm，板面冲孔内切圆直径应小于 25mm。

2. 扣件式钢管脚手架脚手板要求

（1）脚手板可采用钢、木、竹材料制作，单块脚手板的质量不宜大于 30kg；

（2）外架架体上钢脚手板接头处必须设两根横向水平杆，脚手板外伸长应取 50~150mm；

（3）使用过程中脚手板应满铺、铺稳，固定牢固，不得有探头板；

（4）钢筋焊接脚手板适用于外脚手架。

十五、脚手板设置

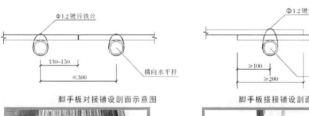

图 4-29　冲压钢脚手板（二）

脚手板对接铺设剖面示意图

脚手板搭接铺设剖面示意图

竹串片脚手板对接铺设示例

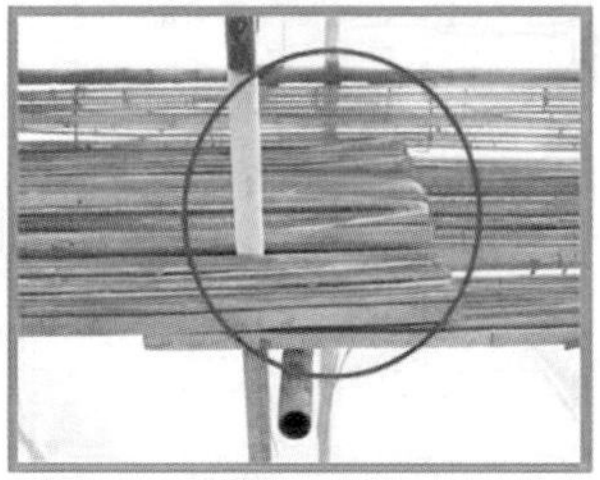

竹串片脚手板搭接铺设示例

图 4-30　脚手板（三）

1. 通用要求

（1）作业层应满铺冲压钢脚手板（图 4-29），并应满足稳固可靠的要求。

（2）采用挂钩连接的钢脚手板，应带有自锁装置且与作业层水平杆锁紧。

（3）底层脚手板应采取封闭措施。

（4）脚手板伸出横向水平杆以外的部分不应大于 200mm。

2. 扣件式钢管脚手架脚手板设置要求

（1）冲压钢脚手板、木脚手板、竹串片脚手板等，应设置在 3 根横向水平杆上。当脚手板长度小于 2m 时，可采用 2 根横向水平杆支撑，但应将脚手板两端与其可靠固定，严防倾翻。脚手板的铺设应采用对接平铺或搭接铺设。脚手板对接平铺时，接头处必须设两根横向水平杆，脚手板外伸长应取 130~150mm，两块脚手板外伸长度的和不应大于 300mm；脚手板搭接铺设时，接头必须支在横向水平杆上，搭接长度不应小于 200mm，其伸出横向水平杆的长度不应小于 100mm（图 4-30）。

（2）脚手板应固定可靠，脚手板端头可用镀锌铁丝固定在小横杆上。脚手板对接接头处必须设两根横向水平杆，外伸长度应取 130~150mm，其板的两端均应固定于支承杆件上。

（3）在拐角、斜道平台口处的脚手板，应用镀锌钢丝固定在横向水平杆上，防止滑动。

图4-31　作业层防护栏杆和挡脚板

十六、作业层防护栏杆和挡脚板

作业层防护栏杆和挡脚板示例如图4-31所示。

1. 通用要求

（1）作业层应按规范要求设置防护栏杆。

（2）作业脚手架临街的外侧立面、转角处应采取硬防护措施，硬防护的高度不应小于1.2m，转角处硬防护的宽度应为作业脚手架宽度。

（3）挡脚板高度不应小于180mm。

2. 扣件式钢管脚手架

（1）栏杆和挡脚板均应搭设在外立杆的内侧。

（2）上栏杆上皮高度应为1.2m。

（3）中栏杆应居中设置。

3. 承插型盘扣式钢管脚手架

（1）应在外侧立杆0.5m及1.0m高的立杆节点处搭设两道防护栏杆。

（2）作业架顶层的外侧防护栏杆高出顶层作业层的高度不应小于1500mm。

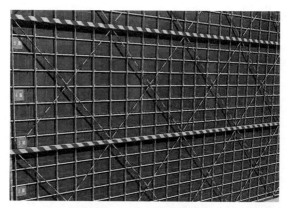

图 4-32 脚手架外侧防护

十七、脚手架外侧防护

1. 通用要求

（1）脚手架外侧应采用密目式安全立网全封闭（图 4-32），不得留有空隙，并应与架体绑扎牢固。安全网的支撑架应具有足够的强度和稳定性。

（2）密目式安全立网的网目密度应为 10cm × 10cm，面积上大于或等于 2000 目。

（3）当采用密目安全网封闭时，密目安全网应满足阻燃要求。

（4）密目式安全立网搭设时，每个开眼环扣应穿入系绳，系绳应绑扎在支撑架上，间距不得大于 450mm。相邻密目网间应紧密结合或重叠。

2. 扣件式钢管脚手架

（1）脚手架架体外侧用密目式安全网或工具式栏板封闭，密目式安全网宜设置在脚手架外立杆的内侧，并应与架体结扎牢固，并在显著位置悬挂安全警示标志，例如：一级风险点字样、您已进入一级风险点字样、风险管控牌字样（图 4-33）。

（2）安全防护网搭设时，应每隔 3m 设一根支撑杆，支撑杆水平夹角不宜小于 45°。

（3）安全网应张紧、无破损。

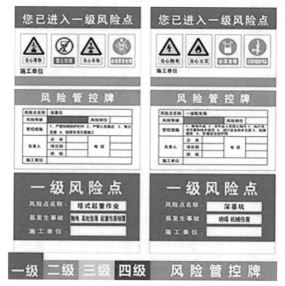

图 4-33 安全警示标志

图 4-34 脚手架水平防护（一）

图 4-35 脚手架水平防护（二）

图 4-36 脚手架水平防护（三）

十八、脚手架水平防护

脚手架水平防护示例如图 4-34~图 4-36 所示。

1. 通用要求

（1）脚手架作业层应采取安全防护措施，沿所施工建筑物每 3 层或高度不大于 10m 处设置一层水平防护。

（2）脚手架作业层脚手板下宜采用安全平网兜底，以下每隔不大于 10m 应采用安全平网封闭。

（3）作业层边缘与建筑物距离不宜大于 150mm；当距离大于 150mm 时，应采取封闭防护措施。

2. 扣件式钢管脚手架

（1）安全防护网应外高里低，网与网之间应拼接严密。

（2）当在楼层设支撑杆时，应预埋钢筋环或在结构内外侧各设一道横杆。

图 4-37 斜道

十九、通道

1. 通用要求

架体应设置供人员上下的专用通道。

2. 扣件式钢管脚手架

（1）斜道（图 4-37）应附着外脚手架或建筑物设置。

（2）运料斜道宽度不应小于 1.5m，坡度不应大于 1:6；人行斜道宽度不应小于 1m，坡度不应大于 1:3。

（3）拐弯处应设置平台，其宽度不应小于斜道宽度。

（4）斜道两侧及平台外围均应设置栏杆及挡脚板。栏杆高度应为 1.2m，挡脚板高度不应小于 180mm。

（5）运料斜道两端、平台外围和端部均应设置连墙件。每 2 步应加设水平斜杆，应设置剪刀撑和横向斜撑。

（6）人行并兼作材料运输的斜道高度不大于 6m 的脚手架，宜采用一字形斜道；高度大于 6m 的脚手架，宜采用之字形斜道。

（7）斜道脚手板横铺时，应在横向水平杆下增设纵向支托杆，纵向支托杆间距不应大于 500mm；脚手板顺铺时，接头应采用搭接，下面的板头应压住上面的板头，板头的凸棱处应采用三角木填顺。人行斜道和运料斜道的脚手板上应每隔 250~300mm 设置一根防滑木条，木条厚度应为 20~30mm。

图 4-38　安全通道

3. 承插型盘扣式钢管脚手架

（1）当设置双排外作业架人行通道时，应在通道上部架设支撑横梁，横梁截面大小应按跨度以及承受的荷载计算确定，通道两侧作业架应加设斜杆（图 4-38）；

（2）洞口顶部应铺设封闭的防护板，两侧应设置安全网。通行机动车的洞口，应设置安全警示和防撞设施。

二十、检查与验收

图 4-39 为脚手架验收牌示例。

1. 扣件式脚手架及其地基基础应在下列阶段进行检查与验收：

（1）基础完工后及脚手架搭设前；

（2）作业层上施加荷载前；

（3）每搭设完 6~8m 高度后；

（4）达到设计高度后；

（5）遇有 6 级及以上强风或大雨后，冻结地区解冻后；

（6）停用超过一个月。

2. 盘扣式作业架出现下列情况时，应进行检查和验收：

（1）基础完工后及作业架搭设前；

（2）首段高度达到 6m 时；

（3）架体随施工进度逐层升高时；

（4）搭设高度达到设计高度后；

（5）停用 1 个月以上，恢复使用前；

（6）遇 6 级及以上强风、大雨及冻结的地基土解冻后。

图 4-39 脚手架验收牌

第二节　悬挑式作业脚手架

一、基本规定

1. 悬挑脚手架搭设和拆除作业前，应根据工程特点编制专项施工方案，并应经审批后组织实施。搭设前，应向施工人员进行安全和技术交底。

2. 一次悬挑脚手架高度不宜超过 20m。分段架体搭设高度 20m 及以上的应经专家论证。

3. 锚固型钢的主体结构混凝土强度等级不得低于 C20。

4. 作业脚手架的宽度不应小于 0.8m，且不宜大于 1.2m。作业层高度不应小于 1.7m，且不宜大于 2.0m。

5. 悬挑脚手架的钢管、扣件和悬挑承力架等应做好油漆、防腐。

6. 作业脚手架同时满载作业的层数不应超过 2 层。

7. 在脚手架作业层上进行电焊、气焊和其他动火作业时，应采取防火措施，并应设专人监护。

8. 架体上的建筑垃圾及杂物应及时清理。

9. 严禁扩大脚手架的使用范围，不得将模板支架、缆风绳、混凝土和砂浆输送管道、卸料平台等固定在脚手架上，严禁借助脚手架起吊重物。

10. 悬挑脚手架在使用期间，严禁进行任何可能影响悬挑脚手架安全的违章作业。严禁任意拆除型钢悬挑构件，松动型钢悬挑结构锚环、螺栓及其锁定装置，改变其受力状态，降低承载能力。严禁任意拆除主节点处的纵、横向水平杆，纵、横向扫地杆和连墙件。

11. 悬挑钢梁支撑点应设置在结构梁上，不得设置在外伸阳台上或悬挑板上，否则应采取加固措施。

12. 悬挑脚手架安装拆卸人员必须经过建设行政主管部门培训考试合格，持证上岗，在合格证有效期内从事安装架设和拆除作业。

13. 悬挑脚手架安装拆卸人员应定期体检，健康状况应符合架子工职业安全健康要求。

14. 搭设和拆除脚手架作业应有相应的安全设施。操作人员应佩戴安全帽、安全带和防滑鞋。

15. 搭设应与主体结构工程施工同步，一次搭设高度不应超过最上层连墙件 2 步且自由高度不应大于 4m。如果超过相邻连墙件以上 2 步，无法设置连墙件时，应采取撑拉固定等措施与建筑结构拉结。

16. 悬挑式脚手架安装、拆除作业前，应根据脚手架高度及坠落半径，在地面对应位置设置临时围护和警告标志，并应设专人监护。

17. 当遇 6 级及以上大风、雨雪、浓雾天气时，应停止脚手架的搭设与拆除作业以及脚手架上的施工作业。雨雪、霜后脚手架作业时，应有防滑措施，并应扫除积雪。夜间不得进行脚手架搭设与拆除作业。

18. 应定期（每月不少于 1 次）组织悬挑脚手架使用安全检查，明确专人做好日常维护工作，及时消除安全隐患。

19. 脚手架构配件应具有良好的互换性，且可重复使用。构配件出厂质量应符合国家现行相关产品标准的要求，杆件、构配件的外观质量应符合下列规定：

（1）不得使用带有裂纹、折痕、表面明显凹陷、严重锈蚀的钢管；

（2）铸件表面应光滑，不得有砂眼、气孔、裂纹、浇冒口残余等缺陷，表面黏砂应清除干净；

（3）冲压件不得有毛刺、裂纹、明显变形、氧化皮等缺陷；

（4）焊接件的焊缝应饱满，焊渣应清除干净，不得有未焊透、夹渣、咬肉、裂纹等缺陷。

图 4-40　扣件式钢管脚手架钢管

二、钢管

1. 扣件式钢管脚手架钢管（图 4-40）

（1）钢管宜采用 $\phi48.3 \times 3.6$ 钢管。每根钢管的最大质量不应大于 25.8kg。

（2）钢管表面应平直，其弯曲度不得大于管长的 1/500。钢管表面应平直光滑，不应有裂缝、结疤、分层、错位、硬弯、毛刺、压痕和深的划道。

（3）钢管两端端面应平整，不得有斜口；并严禁使用有裂缝、表面分层硬伤（压扁、硬弯、深划痕）、毛刺和结疤等。

（4）旧钢管应每年检查一次锈蚀情况。检查时，应在锈蚀严重的钢管中抽取三根，在每根锈蚀严重的部位，进行横向截断检查，其锈蚀深度不得超过 0.5mm。

（5）钢管上严禁打孔，在使用前应涂刷防锈漆。

图 4-41 承插型盘扣式钢管脚手架钢管

2. 承插型盘扣式钢管脚手架钢管（图 4-41）

（1）标准型支架的立杆钢管的外径应为 48.3mm，水平杆和水平斜杆钢管的外径应为 48.3mm，竖向斜杆钢管的外径可为 33.7mm、38mm、42.4mm 和 48.3mm，可调底座和可调托撑丝杆的外径应为 38mm；

（2）重型支架的立杆钢管的外径应为 60.3mm，水平杆和水平斜杆钢管的外径应为 48.3mm，竖向斜杆钢管的外径可为 33.7mm、38mm、42.4mm 和 48.3mm，可调底座和可调托撑丝杆的外径应为 48mm；

（3）立杆、水平杆、斜杆及构配件内外表面应热浸镀锌，不应涂刷油漆和电镀锌，构件表面应光滑，在连接处不应有毛刺、滴瘤和结块，镀层应均匀、牢固。

三、构件

1. 扣件式钢管脚手架扣件（图4-42）

（1）扣件应采用可锻铸铁或铸钢制作，其质量和性能应符合现行国家标准的规定，采用其他材料制作的扣件，应经试验证明其质量符合该标准的规定后方可使用；

（2）扣件在螺栓拧紧扭力矩达到65N·m时，不得发生破坏。

2. 承插型盘扣式钢管脚手架构件（图4-43）

（1）铸件表面应进行光整处理，不应有裂纹、气孔、缩松、砂眼等铸造缺陷，应将黏砂、浇冒口残余、披缝、毛刺、氧化皮等清除干净；

（2）冲压件应去毛刺，无裂纹和氧化皮等缺陷；

（3）制作构件的钢管不应接长使用；

（4）插销外表面应与扣接头内接触表面吻合；插销底端应设置弯钩，且应具有可靠防拔脱构造措施；

（5）焊丝宜应符合气体保护电弧焊用碳钢、低合金钢焊丝的要求时，有效焊缝高度应不小于3mm；

（6）焊缝应平整光滑、饱满，无明显漏焊、焊穿、夹渣、咬边、裂纹等缺陷；

（7）所有构配件焊接连接处均应满焊，且连接盘与立杆连接处应双面焊接。

图4-42　扣件式钢管脚手架扣件

图4-43　承插型盘扣式钢管脚手架构件

图 4-44　悬挑钢梁锚固端（一）

图 4-45　悬挑钢梁锚固端（二）

四、悬挑钢梁锚固端

图 4-44、图 4-45 为悬挑钢梁锚固端示例。

1. 悬挑脚手架的悬挑支撑结构应根据施工方案布设，其位置宜与门架立杆位置对应，每一跨距宜设置一根型钢悬挑梁，并应按确定的位置设置预埋件。在建筑平面转角处，型钢悬挑梁应经单独计算设置。

2. 悬挑支承点应设置在建筑架构梁上，并应根据混凝土实际强度进行承载力验算，不得设置在外伸阳台或悬挑楼板上。钢梁锚固端长度不应小于悬挑长度的 1.25 倍。

3. 型钢悬挑梁宜采用双轴对称截面的型钢，采用工字钢截面高度不应小于 160mm。悬挑梁尾端应在两处及以上固定于钢筋混凝土梁板结构上。锚固位置设置在楼板上时，楼板的厚度不宜小于 120mm，如果楼板的厚度小于 120mm 应采取加固措施。

4. 固定端应采用 2 个（对）及以上 U 形钢筋拉环或锚固螺栓与建筑结构梁板固定，用于锚固的 U 形钢筋拉环或螺栓应采用冷弯成型，U 形钢筋拉环或锚固螺栓直径不宜小于 16mm，U 形钢筋拉环、锚固螺栓与型钢间隙应用钢楔或硬木楔楔紧，当采用螺栓钢压板连接时，应采用双螺帽拧紧。

5. 锚固端外露螺杆宜采用可拆卸式硬质材料覆盖防护。

6. 当型钢悬挑梁与建筑结构采用螺栓钢压板连接固定时，钢压板尺寸不应小于 100mm×10mm（宽×厚）；当采用螺栓角钢压板连接时，角钢规格不应小于 63mm×63mm×6mm。

图 4-46 卸力钢丝绳

图 4-47 悬挑脚手架立杆定位销

图 4-48 承插型盘扣式钢管脚手架盘扣节点

五、悬挑钢梁挑出端

1. 刚性拉杆的规格应经设计确定，钢丝绳的直径不宜小于 15.5mm。

2. 刚性拉杆或钢丝绳与建筑结构拉结的吊环宜采用 HPB300 级钢筋制作，其直径不宜小于 $\phi18$mm（图 4-46）。

3. 钢丝绳与型钢悬挑梁的夹角不应小于 45°。

4. 型钢悬挑梁悬挑端应设置能使脚手架立杆与钢梁可靠固定的定位点，定位销的直径不应小于 30mm，长度不应小于 100mm，并应与型钢焊接牢固。门架立杆插入定位销后与门架立杆的间隙不宜大于 3mm（图 4-47）。

六、承插型盘扣式钢管脚手架盘扣节点

1. 杆端扣接头与连接盘的插销连接锤击自锁后不应拔脱（图 4-48）。

2. 插销销紧后，扣接头端部弧面应与立杆外表面贴合。

图4-49 扣件式钢管脚手架对接扣件

七、立杆

1.通用要求

立杆底部应与钢梁连接柱固定，承插式立杆接长应采用螺栓或销钉固定。

2.扣件式立杆

（1）立杆纵距宜在1.2~1.5m，并符合专项施工方案。

（2）立杆接长除顶层顶步外，其余各层各步接头必须采用对接扣件连接（图4-49）。

（3）当立杆采用对接接长时，立杆的对接扣件应交错布置，两根相邻立杆的接头不应设置在同步内，同步内隔一根立杆的两个相隔接头在高度方向错开的距离不宜小于500mm；各接头中心至主节点的距离不宜大于步距的1/3。

（4）当立杆采用搭接接长时，搭接长度不应小于1m（图4-50），并应采用不少于2个旋转扣件固定。端部扣件盖板的边缘至杆端距离不应小于100mm。

（5）内外立杆的连线应垂直于建筑物结构边线，紧贴每一组立杆必须设置横向水平杆。

（6）架体阴阳转角处应设置4道立杆，纵向水平杆应连通封闭。脚手架阳角内侧可设置竖向支撑，保证阳角方正顺直（图4-51）。

图4-50 扣件式钢管脚手架立杆搭接

图4-51 立杆转角设置

大于1m

图 4-52 立杆顶端栏杆

图 4-53 承插型盘扣式钢管脚手架盘扣节点立杆

（7）脚手架立杆顶端栏杆（图4-52）宜高出女儿墙上端1m，宜高出檐口上端1.5m，并应采用不少于2个旋转扣件固定。端部扣件盖板的边缘至杆端距离不应小于100mm。

3. 承插型盘扣式钢管脚手架盘扣节点立杆（图4-53）

（1）首层立杆宜采用不同长度的立杆交错布置；

（2）当立杆处于受拉状态时，立杆的套管连接接长部位应采用螺栓连接；

（3）脚手架搭设完成后，立杆的垂直偏差不应大于支撑架总高度的1/500，且不得大于50mm。

图 4-54 立杆底部扫地杆

八、扫地杆

1. 通用要求

脚手架底部立杆应设置纵向和横向扫地杆（图 4-54），扫地杆应与相邻立杆连接稳固。

2. 扣件式钢管脚手架

（1）纵向扫地杆应采用直角扣件固定在距底座上皮不大于 200mm 处的立杆上；

（2）横向扫地杆则用直角扣件固定在紧靠纵向扫地杆下方的立杆上。

图4-55　纵向水平杆

图4-56　承插型盘扣式钢管脚手架水平杆

九、水平杆

1. 一般要求

水平杆搭设步距不应超过2m。

2. 扣件式钢管脚手架纵向水平杆

（1）脚手架纵向水平杆应随立杆按步搭设，并应采用直角扣件与立杆固定，在封闭型脚手架的同一步中，纵向水平杆应四周交圈设置，并应用直角扣件与内外角部立杆固定。

（2）纵向水平杆应保持水平，步距一般为1800mm。

（3）纵向水平杆应设置在立杆内侧，单根杆长度不应小于3跨（图4-55）。

（4）纵向水平杆件宜采用对接，纵向水平杆在架体转角处可以搭接。纵向水平杆件若采用搭接，其搭接长度不应小于1m，杆件对接扣件应交错布置。

（5）当使用冲压钢脚手板、木脚手板、竹串片脚手板时，纵向水平杆应作为横向水平杆的支座，用直角扣件固定在立杆上；当使用竹笆脚手板时，纵向水平杆应采用直角扣件固定在横向水平杆上，并应等间距设置，间距不应大于400mm。

3. 承插型盘扣式钢管脚手架水平杆（图4-56）

当标准型（B型）立杆荷载设计值大于40kN，或重型（Z型）立杆荷载设计值大于65kN时，脚手架顶层步距应比标准步距缩小0.5m。

4. 扣件式钢管脚手架横向水平杆

（1）作业层应按铺设脚手板的需要增加设置横向水平杆。作业层上非主节点处的横向水平杆，宜根据支承脚手板的需要等间距设置，最大间距不应大于纵距的 1/2（图 4-57）。

（2）当使用冲压钢脚手板、木脚手板、竹串片脚手板时，双排脚手架的横向水平杆两端均应采用直角扣件固定在纵向水平杆上。

（3）当使用竹笆脚手板时，双排脚手架的横向水平杆两端，应用直角扣件固定在立杆上。

（4）主节点处必须设置一根横向水平杆，用直角扣件扣接且严禁拆除。

（5）双排脚手架横向水平杆的靠墙一端至墙装饰面的距离不应大于 100mm。

图 4-57　横向水平杆

图 4-58 剪刀撑（一）

十、剪刀撑

图 4-58~ 图 4-60 为剪刀撑示例。

1. 一般要求

（1）悬挑脚手架应在全外侧立面上由底至顶连续设置；

（2）每道剪刀撑的宽度应为 4~6 跨，且不应小于 6m，也不应大于 9m；剪刀撑斜杆与水平面的倾角应为 45°~60°。

2. 当采用竖向斜撑杆、竖向交叉拉杆替代作业脚手架竖向剪刀撑时，应符合下列规定：

（1）在作业脚手架的端部、转角处应各设置一道；

（2）搭设高度在 24m 以下时，应每隔 5~7 跨设置一道；搭设高度在 24m 及以上时，应每隔 1~3 跨设置一道；相邻竖向斜撑杆应朝向对称呈八字形设置；

（3）每道竖向斜撑杆、竖向交叉拉杆应在作业脚手架外侧相邻纵向立杆间由底至顶按步连续设置。

3. 扣件式钢管脚手架剪刀撑

（1）脚手架表面应涂刷油漆，剪刀撑表面应刷警示漆；

（2）每道剪刀撑跨越立杆的根数应按表 4-2 的规定确定；

图 4-59　剪刀撑（二）

图 4-60　剪刀撑（三）

剪刀撑跨越立杆的最多根数与剪刀撑斜杆与地面倾角的关系　　表 4-2

剪刀撑跨越立杆的最多根数（n）	7	6	5
剪刀撑斜杆与地面的倾角（α）	45°	50°	60°

（3）剪刀撑斜杆应用旋转扣件固定在与之相交的横向水平杆的伸出端或立杆上，旋转扣件中心线至主节点的距离不宜大于 150mm；

（4）剪刀撑斜杆的接长应采用搭接，搭接长度不应小于 1m，并应采用不少于 2 个旋转扣件固定。端部扣件盖板的边缘至杆端距离不应小于 100mm；

（5）悬挑脚手架的底层门架立杆上应设置纵向通长扫地杆，并应在脚手架的转角处、开口处和中间间隔不超过 15m 的底层门架上各设置一道单跨距的水平剪刀撑，剪刀撑斜杆应与门架立杆底部扣紧。

4. 承插型盘扣式钢管脚手架剪刀撑

（1）双排作业架的外侧立面上应设置竖向斜杆；

（2）在脚手架的转角处、开口型脚手架端部应由架体底部至顶部连续设置斜杆；

（3）应每隔不大于 4 跨设置一道竖向或斜向连续斜杆；

（4）竖向斜杆不应采用钢管扣件。

图4-61 连墙件（一）

十一、连墙件

图4-61、图4-62为连墙件示例，图4-63为水平防护示例。

1. 通用要求

（1）应从底层第一步纵向水平杆处开始设置，连墙点的水平间距不得超过3跨，竖向间距不得超过3步，连墙点之上架体的悬臂高度不应超过2步；

（2）在架体的转角处、开口型作业脚手架端部应增设连墙件，连墙件竖向间距不应大于建筑物层高，且不应大于4m；

（3）连墙件的安装应随作业脚手架搭设同步进行；

（4）当作业脚手架操作层高出相邻连墙件2个步距及以上时，在上层连墙件安装完毕前，应采取临时拉结措施；

（5）架体应采用刚性连墙件与建筑结构拉结。

2. 扣件式钢管脚手架

（1）在一字形、开口形两端必须加强设置连墙件。

（2）应靠近主节点设置，偏离主节点的距离不应大于300mm。

（3）应优先采用菱形布置，或采用方形、矩形布置。

（4）连墙件中的连墙杆应呈水平设置，当不能水平设置时，应向脚手架一端下斜连接。

（5）当脚手架下部暂不能设连墙件时应采取防倾覆措施。当

图4-62 连墙件（二）

图4-63 水平防护

搭设抛撑时，抛撑应采用通长杆件，并用旋转扣件固定在脚手架上，与地面的倾角应在45°~60°；连接点中心至主节点的距离不应大于300mm。抛撑应在连墙件搭设后方可拆除。

（6）架高超过40m且有风涡流作用时，应采取抗上升翻流作用的连墙措施。

（7）施工过程中严禁擅自拆除连墙件。

3. 承插型盘扣式钢管脚手架

（1）连墙件应靠近水平杆的盘扣节点设置，连墙点应均匀分布。

（2）连墙件宜采用菱形布置，也可采用矩形布置。

（3）当脚手架下部不能搭设连墙件时，宜外扩搭设多排脚手架并设置斜杆，形成外侧斜面状附加梯形架。

图 4-64 脚手板（一）

图 4-65 脚手板（二）

十二、脚手板

1. 通用要求

（1）脚手板铺设应严密、牢固（图 4-64），探出横向水平杆长度不应大于 150mm；

（2）采用挂钩连接的钢脚手板，材质必须符合 Q235 级钢材的规定，应带有自锁装置且与作业层水平杆锁紧；

（3）脚手板应满足强度、耐久性和重复使用要求，冲压钢板脚手板的钢板厚度不宜小于 1.5mm，板面冲孔内切圆直径应小于 25mm；

（4）底层脚手板应采取封闭措施；

（5）脚手板可采用钢、木、竹材料制作，单块脚手板的质量不宜大于 30kg，木脚手板厚度不应小于 50mm，两端各设置直径不小于 4mm 的镀锌钢丝箍 2 道。

2. 扣件式钢管脚手架

（1）冲压钢脚手板、木脚手板、竹串片脚手板等，应设置在三根横向水平杆上。当脚手板长度小于 2m 时，可采用两根横向水平杆支撑，但应将脚手板两端与其可靠固定，严防倾翻。脚手板的铺设应采用对接平铺或搭接铺设。脚手板对接平铺时，接头处必须设两根横向水平杆，脚手板外伸长应取 130~150mm，两块脚手板外伸长度的和不应大于 300mm；脚手板搭接铺设时，接头必须支在横向水平杆上，搭接长度不应小于 200mm，其伸出横向水平杆的长度不应小于 100mm（图 4-65）。

（2）脚手板应固定可靠，脚手板端头可用镀锌铁丝固定在小横杆上。脚手板对接接头处必须设两根横向水平杆，外伸长度应取 130~150mm，其板的两端均应固定于支承杆件上。

（3）在拐角、斜道平台口处的脚手板，应用镀锌钢丝固定在横向水平杆上，防止滑动。

图 4-66 防护栏杆和挡脚板

十三、防护栏杆和挡脚板

1. 通用要求

（1）作业层应按规范要求设置防护栏杆（图 4-66）；

（2）作业脚手架临街的外侧立面、转角处应采取硬防护措施，硬防护的高度不应小于 1.2m，转角处硬防护的宽度应为作业脚手架宽度；

（3）挡脚板高度不应小于 180mm。

2. 扣件式钢管脚手架

（1）栏杆和挡脚板均应搭设在外立杆的内侧；

（2）上栏杆上皮高度应为 1.2m；

（3）中栏杆应居中设置。

3. 承插型盘扣式钢管脚手架

（1）应在外侧立杆 0.5m 及 1.0m 高的立杆节点处搭设两道防护栏杆；

（2）作业架顶层的外侧防护栏杆高出顶层作业层的高度不应小于 1500mm。

图 4-67　外侧架体防护（一）

十四、外侧架体防护

图 4-67、图 4-68 为外侧架体防护示例。

1. 通用要求

（1）脚手架外侧应采用密目式安全立网全封闭，不得留有空隙，并应与架体绑扎牢固。安全网的支撑架应具有足够的强度和稳定性。

（2）密目式安全立网的网目密度应为 10cm×10cm，面积上大于或等于 2000 目。

（3）当采用密目安全网封闭时，密目安全网应满足阻燃要求。

（4）密目式安全立网搭设时，每个开眼环扣应穿入系绳，系绳应绑扎在支撑架上，间距不得大于 450mm。相邻密目网间应紧密结合或重叠。

图 4-68 外侧架体防护（二）

2. 扣件式钢管脚手架

（1）脚手架架体外侧用密目式安全网或工具式栏板封闭，密目式安全网宜设置在脚手架外立杆的内侧，并应与架体结扎牢固，并在显著位置悬挂安全警示标志（例如：一级风险点字样、您已进入一级风险点字样、风险管控牌字样）；

（2）安全防护网搭设时，应每隔3m设一根支撑杆，支撑杆水平夹角不宜小于45°；

（3）安全网应张紧、无破损。

图 4-69　水平防护

十五、架体水平防护

1. 通用要求

（1）脚手架作业层应采取安全防护措施，沿所施工建筑物每 3 层或高度不大于 10m 处设置一层水平防护（图 4-69）；

（2）脚手架作业层脚手板下宜采用安全平网兜底，以下每隔不大于 10m 应采用安全平网封闭；

（3）作业层边缘与建筑物距离不宜大于 150mm；当距离大于 150mm 时，应采取封闭防护措施；

（4）悬挑脚手架底部与墙体之间的间隙应封堵牢固、严密，预防人员、物体从中坠落。

2. 扣件式钢管脚手架

（1）安全防护网应外高里低，网与网之间应拼接严密；

（2）当在楼层设支撑杆时，应预埋钢筋环或在结构内外侧各设 1 道横杆。

第三节 附着式升降脚手架

一、基本规定

1. 附着式升降脚手架搭设、拆除作业应编制专项施工方案。专项施工方案应按规定进行审批，架体提升高度在 150m 及以上的专项施工方案应经专家论证。

2. 作业脚手架的宽度不应小于 0.8m，且不宜大于 1.2m。作业层高度不应小于 1.7m，且不宜大于 2.0m。

3. 架体悬臂高度不得大于架体高度的 2/5，且不得大于 6m。

4. 构配件杆件焊接接长时，单根杆件只允许有一个焊接接缝，且立杆或导轨有接缝时，接缝应错开杆件交会处，水平杆及水平斜杆的接缝应在距端头 1/4 长度内布置。

5. 脚手架构配件应具有良好的互换性，且可重复使用。构配件出厂质量应符合国家现行相关产品标准的要求，杆件、构配件的外观质量应符合下列规定：

（1）不得使用带有裂纹、折痕、表面明显凹陷、严重锈蚀的钢管；

（2）铸件表面应光滑，不得有砂眼、气孔、裂纹、浇冒口残余等缺陷，表面黏砂应清除干净；

（3）冲压件不得有毛刺、裂纹、明显变形、氧化皮等缺陷；

（4）焊接件的焊缝应饱满，焊渣应清除干净，不得有未焊透、夹渣、咬肉、裂纹等缺陷。

6. 作业脚手架同时满载作业的层数不应超过 2 层。

7. 在脚手架作业层上进行电焊、气焊和其他动火作业时，应采取防火措施，并应设专人监护。

8. 当遇 6 级及以上大风、雨雪、浓雾天气时，应停止脚手架的搭设与拆除作业以及脚手架上的施工作业。雨雪、霜后脚手架作业时，应有防滑措施，并应扫除积雪。夜间不得进行脚手架搭设与拆除作业。

9. 搭设和拆除脚手架作业应有相应的安全设施。操作人员应佩戴安全帽、安全带和防滑鞋。

10. 升降工况架体上不得有施工荷载，严禁人员在架体上停留。

11. 当竖向主框架为平面桁架结构或空间桁架结构，外立面防护结构框式采用钢网片防护网或波纹型钢防护网，当防护网不能直接与平台结构可靠连接时，平台外立面应设置剪刀撑。

12. 框式钢网片防护网用于普通型、半装配型时，当

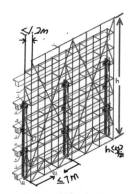

图 4-70 附着式升降脚手架构造图

图 4-71 附着式升降脚手架（一）

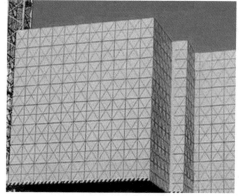

图 4-72 附着式升降脚手架（二）

图 4-73 附着式升降脚手架（三）

平台结构无法直接连接时，平台外立面应设置剪刀撑。

13. 波纹型钢防护网只做外防护，平台外侧应设置剪刀撑或螺栓连接的定型斜撑杆。

二、架体构造

图 4-70 为附着式升降脚手架构造图，图 4-71~图 4-73 为附着式升降脚手架示例。

1. 架体总高度含防护栏杆，严禁大于 5 倍楼层高度。

2. 脚手架宽度不大于 1.2m。

3. 直线布置架体支撑跨度应不大于 7m。折线、曲线布置的架体，相邻两主框架支撑点处的架体外侧距离不得大于 5.4m，架体支撑跨度应不大于 5.4m。

4. 架体水平悬挑长度应不大于 2m，且应不大于跨度的 1/2。

5. 升降和使用工况下，架体悬臂高度不得大于架体高度的 2/5 且不大于 6m。

6. 架体高度与支撑跨度的乘积应不大于 110m²。

图 4-74　附着式脚手架——竖向主框架

三、竖向主框架

1. 附着式升降脚手架应在附着支撑结构部位设置与架体高度相等、与墙面垂直的定型竖向主框架（图 4-74），竖向主框架应是桁架或刚架结构，其杆件连接的节点应采用焊接或螺栓连接，并应与水平支撑桁架或架体构架构成有足够强度或支撑刚度的空间几何不变体系的稳定结构。同时应符合以下要求：

（1）竖向主框架可采用整体结构或分段对接结构，结构形式应为竖向桁架或门式刚架等。各杆件的轴线应交汇于节点处，并应采用螺栓或焊接连接，如不交汇于一点，应进行附加弯矩验算；

（2）当架体升降采用中心吊时，在悬臂梁行程范围内竖向主框内侧水平杆取掉部分的断面，应采取可靠的加固措施；

（3）主框架内侧应设有导轨；

（4）竖向主框架宜采用单片式主框架或可采用空间桁架式主框架。

2. 竖向主框架的垂直偏差不大于 5‰，且不大于 60mm，相邻竖向主框架的高差不大于 20mm。

图4-75　水平支撑桁架

四、水平支撑桁架

在竖向主框架的底部应设置水平支撑桁架（图4-75），其宽度应与主框架相同，平行于墙面，其高度不宜小于1.8m。水平支撑桁架结构构造应符合下列规定：

（1）桁架各杆件的轴线应相交于节点上，并宜采用节点板构造连接，节点板的厚度不得小于6mm。

（2）桁架上下弦应采用整根通长杆件或设置刚性接头。腹杆上下弦连接应采用焊接或螺栓连接。

（3）桁架与主框架连接处的斜腹杆宜设计成拉杆。

（4）架体构架的立杆底端应放置在上弦节点各轴线的交汇处。

（5）内外两片水平桁架的上弦和下弦之间应设置水平支撑杆件，各节点应采用焊接或螺栓连接。

（6）水平支撑桁架的两端与主框架连接，可采用杆件轴线交汇于一点，且为能活动的铰接点；或可将水平支承桁架放在竖向主框架的底端的桁架底框中。

（7）当水平支撑桁架不能连续设置时，局部可采用脚手架杆件进行连接，但其长度不得大于2.0m，且应采取加强措施，确保其强度和刚度不得低于原有的桁架。

（8）水平支撑桁架最底层应设置脚手板，并应铺满铺牢，与建筑物墙面之间应设置脚手板全封闭，宜设置可翻转的密封翻板。在脚手板的下面应采用安全网兜底。

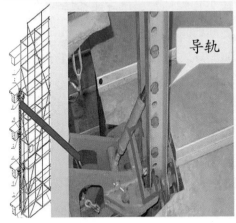

图 4-76 导轨与附着支座

五、导轨与附着支座

1. 导轨与附着支座（图 4-76）连接并固定于建筑结构上时，导轨之间的接头应设置成刚性接头，竖向主框架的节点处应设导向装置，且沿高度方向均匀分布，数量不应少于 3 处。

2. 附着支座的构造及设置应符合下列规定：

（1）竖向主框架所覆盖的每个楼层处应设置一道附着支座，每道附墙支座应能承担竖向主框架的全部荷载，有效支座不应少于 3 个；在使用工况时，竖向主框架应与附墙支座可靠固定；升降工况应将防倾覆、导向装置设置在附着支座上；

（2）附墙支座应采用锚固螺栓与建筑物连接，受拉螺栓的螺母不得少于 2 个或采用弹簧垫圈加单螺母，螺杆露出螺母端部的长度不应小于 3 扣，并不得小于 10mm，垫板尺寸应由设计确定且不得小于 100mm × 100mm × 10mm；

（3）附墙支座支撑在建筑物上的连接处的混凝土强度应按设计要求确定，且不得小于 C10。

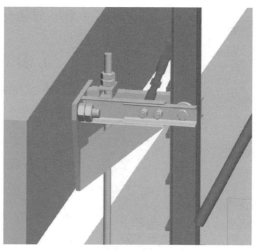

图 4-77　防倾装置

导轨

可调式防坠
卸荷支顶器

附墙导向
卸荷支座

图 4-78　防坠装置（一）

防坠挡杆

可调式防坠
卸荷支顶器

附墙支座

图 4-79　防坠装置（二）

六、防倾装置

1. 防倾装置（图 4-77）中应包括导轨和两个以上与导轨连接的可滑动的导向件；在升降和使用两种工况下，最上和最下两个导向件之间的最小间距不得小于 2.8m 或架体高度的 1/4。

2. 在防倾导向件的范围内应设置防倾覆导轨，且应与竖向主框架可靠连接。

3. 应采用螺栓与附墙支座连接，其装置与导轨之间的间隙应小于 5mm。

4. 防倾导轨的垂直偏差应不大于 5‰，且不大于 60mm。

5. 应具有防止竖向主框架倾斜的功能。

6. 附着式升降脚手架应安装防坠装置（图 4-78~ 图 4-81）。

7. 防坠装置应设置在竖向主框架部位并附着在建筑物上，每一个升降点不少于一处，防坠装置在使用和升降工况下都应起作用。

8. 防坠落装置采用机械式的全自动装置，严禁使用每次升降都需要重组的手动装置，防坠装置技术除了应满足承载能力要求外，还应符合整体式升降架制动距离不大于 80mm、单片式升降架制动距离不大于 150mm 的要求。

9. 防坠装置与升降设备的附着固定应分别设置，不得固定在同一附着支座上。

10. 应具有防尘、防污染的功能，并应灵敏可靠和运转自如。

11. 钢吊杆式防坠落装置中，钢吊杆规格应由计算确定，且不应小于 $\phi 25mm$。

图 4-80　防坠装置（三）

防坠装置

图 4-81　防坠装置（四）

图 4-82　封闭防护

七、平台安全防护

一般要求如下：

（1）作业层应按规范要求设置防护栏杆和挡脚板，挡脚板高度不应小于 180mm。

（2）作业脚手架临街的外侧立面、转角处应采取硬防护措施，硬防护的高度不应小于 1.2m，转角处硬防护的宽度应为作业脚手架宽度。

（3）脚手架作业层脚手板下宜采用安全平网兜底，沿所施工建筑物每 3 层或高度不大于 10m 处设置一层水平防护。

（4）当作业层边缘与建筑物距离大于 150m 时，应采取封闭防护措施（图 4-82）。

（5）脚手架外侧应采用密目式安全立网全封闭，不得留有空隙。密目式安全立网的网目密度应为 $10cm \times 10cm$，面积上大于或等于 2000 目。当采用密目安全网封闭时，密目安全网应满足阻燃要求。密目式安全立网搭设时，每个开眼环扣应穿入系绳，系绳应绑扎在支撑架上，间距不得大于 450mm。相邻密目网间应紧密结合或重叠。

（6）水平支承桁架最底层应设置脚手板，并应铺满铺牢，与建筑物墙面之间也应设置脚手板全封闭，宜设置可翻转的密封翻板。在脚手板的下面应采用安全平网兜底。

八、同步控制系统

1. 附着式升降脚手架升降时，必须配备有限制荷载或水平高差的同步控制系统（图 4-83~ 图 4-86）。连续式水平支撑桁架，应采用限制荷载自控系统；简支静定水平支撑桁架，应采用水平高差同步自控系统；当设备受限时，可选择限制荷载自控系统。

2. 限制荷载自控系统应具有下列功能：

（1）当某一机位的荷载超过设计值 15% 时，应采用声光形式自动报警和显示报警机位，当超过 30% 时，应能使该升降设备自动停机；

（2）应具有超载、失载、报警和停机的功能，宜增设显示记忆和储存功能；

（3）应具有自身故障报警功能，并应能适应施工现场环境；

（4）性能应可靠、稳定，控制精度应在 5% 以内。

3. 水平高差同步控制系统应具有下列功能：

（1）当水平支撑桁架两端高差达到 30mm 时，应能自动停机；

（2）应具有显示提升点的实际升高和超高的数据，并应有记忆和储存的功能；

（3）不得采用附加重量的措施控制同步。

图 4-83　同步控制系统（一）

图 4-84　同步控制系统（二）

图 4-85　同步控制系统（三）

图 4-86　同步控制系统（四）

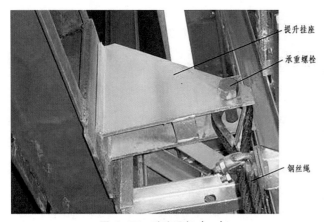

提升挂座

承重螺栓

钢丝绳

图 4-87 升降设备（一）

图 4-88 升降设备（二）

图 4-89 升降设备（三）

九、升降设备

图 4-87~图 4-89 为升降设备示例。

1. 电动升降设备的连续升降距离应大于一个楼层高度，并应有可靠的制动和定位功能。

2. 2 跨以上架体同时升降应采用电动或液压动力装置，不得采用手动装置。

3. 高层施工优先采用智能施工升降机，全封闭的钢板网及全封闭脚手板，框架周边宜设置警示灯，4 个大角宜设置常亮警示灯。

4. 液压提升装置管路连接可靠，无渗漏，工作正常。

电气系统确保实现同步提升和限载保安全的要求。对升降同步性的控制应实现自动显示、自动调整和遇故障自停的要求。

总电源控制箱，分配和控制电流大小。本栋楼整个架体分成三段，共三个总控箱

同步提升控制箱（分控箱），直接连接电动葫芦，控制电动葫芦的升降、速率等

图 4-90 电气系统

十、电气系统

1. 电气系统（图 4-90）中的主要元件均应安装在电器控制箱内，并集装在绝缘板上，必须保证与电器控制箱外壳绝缘。

2. 绝缘电阻应不小于 $0.5M\Omega$。

3. 电源电缆应有保护措施，以防止意外触碰，并应单独使用，且安装熔断保险开关。

4. 电器控制箱应有可靠的防水措施。

5. 电气系统中所选用的电气元件必须灵敏可靠。

6. 电器系统中应配备漏电保护器。

第四节　满堂支撑架

一、基本规定

1. 在支撑架搭设和拆除作业前，应根据工程特点编制专项施工方案，并应经审批后组织实施。搭设高度 8m 及以上、搭设跨度 18m 及以上、施工总荷载 15kN/m² 及以上、集中线荷载 20kN/m 及以上属于高大模板工程，专项施工方案应组织专家论证。搭设前，应向现场管理人员及施工人员进行安全和技术交底。

2. 满堂脚手架搭设高度不宜超过 36m，满堂脚手架施工层不得超过 1 层，满堂支撑架搭设高度不宜超过 30m。

3. 支撑架高宽比超过 3 时，应采用将架体与既有结构连接、扩大架体平面尺寸或对称设置缆风绳等加强措施。

4. 独立架体高宽比不应大于 3.0。

5. 满堂支撑架顶部的实际荷载不得超过设计规定，当局部承受集中荷载时，应按实际荷载计算并应局部加固。

6. 满堂支撑架在使用过程中，应设有专人监护施工，当出现异常情况时，应停止施工，并应迅速撤离作业面上人员。应在采取确保安全的措施后，查明原因、做出判断和处理。

7. 上下模板支撑架应设置专用攀登通道，不得在连接件和支撑件上攀登，不得在上下同一垂直面上装拆模板。若通道使用爬梯，爬梯踏步间距不得大于 300mm。

8. 可移动的满堂支撑脚手架搭设高度不应超过 12m，高宽比不应大于 1.5。应在外侧立面、内部纵向和横向间隔不大于 4m 由底至顶连续设置一道竖向剪刀撑；应在顶层、扫地杆设置层和竖向间隔不超过 2 步分别设置一道水平剪刀撑。应在底层立杆上设置纵向和横向扫地杆。可移动的满堂支撑脚手架应有同步移动控制措施。

9. 支撑架立杆几何长细比不得大于 150。

10. 进入施工现场的人员戴好安全帽，高空作业系好安全带，穿好防滑鞋等。

11. 在架子上的作业人员不得随意拆动脚手架的所有拉结点和脚手板，以及扣件绑扎扣等所有架子部件。

12. 脚手架在使用过程中发现杆件变形严重、防护不全、拉接松动问题要及时解决。

13. 施工人员严禁凌空投掷杆件、物料、扣件及其他物品，材料、工具用滑轮和绳索运输，不得乱扔。

14. 架体搭设人员必须考核合格带证上岗，上岗人员定期体检，体检合格者方可发上岗证，凡患有高血压、贫血病、心脏病及其他不适于高空作业者，一律不得上脚手架操作。严禁酗酒人员上架作业。

15. 有 6 级及以上大风、雾、雨、雪天气时，应停止模板支架搭设与拆除工作。雨雪后上架应有防滑措施，并应扫除积雪。

16. 模板安装和拆卸时，作业人员应有可靠的立足点，应采取防护措施，并应符合下列规定：在坠落基准面 2m 及以上高处搭设与拆除柱模板及悬挑结构的模板，应设置操作平台；支设临空构筑物模板时，应搭设支架或脚手架；悬空安装大模板时，应在平台上操作，吊装中的大模板，不得站人和行走；拆模高处作业时，应配置登高用具或搭设支架。

17. 模板支撑系统应为独立的系统，禁止与物料提升机、施工升降机等起重设备钢结构架体机身及其附着物设施相连接；禁止与施工脚手架、物料周转料平台等架体相连接。

18. 模板支架搭设时，要设置围栏和警戒线，有专人看守。

19. 在模板支架上进行电气作业时，做好防火措施和专人看守。

20. 在混凝土浇筑时应有专人观察，发现异常应及时报告负责人，并停止作业，采取加固处理。

21. 以下"通用要求"四字指扣件式钢管脚手架、承插型盘扣式钢管脚手架都需要满足的要求。

22. 护身栏、脚手板、挡脚板、密目安全网等影响作业时，如需拆改，应由架子工完成，任何人不得任意拆改。

23. 脚手架验收合格后任何人不得擅自拆改，如需做局部拆改时，须经技术负责人同意后再由架子工操作。

24. 脚手架使用中，应定期检查下列内容：

（1）杆件的设置和连接，连墙件、支撑、门洞桁架等的构造应符合规范和专项施工方案要求；

（2）地基无积水，底座无松动，立杆无悬空；

（3）扣件螺栓无松动。

图 4-91 钢管

二、钢管

1. 扣件式钢管

（1）钢管（图 4-91）宜采用 ϕ48.3×3.6 钢管。每根钢管的最大质量不应大于 25.8kg。

（2）钢管表面应平直，其弯曲度不得大于管长的 1/500。钢管表面应平直光滑，不应有裂缝、结疤、分层、错位、硬弯、毛刺、压痕和深的划道。

（3）钢管两端端面应平整，不得有斜口；并严禁使用有裂缝、表面分层硬伤（压扁、硬弯、深划痕）、毛刺和结疤等。

（4）旧钢管应每年检查一次锈蚀情况。检查时，应在锈蚀严重的钢管中抽取三根，在每根锈蚀严重的部位，进行横向截断检查，其锈蚀深度不得超过 0.5mm。

（5）钢管上严禁打孔，在使

用前应涂刷防锈漆。

2. 盘扣式钢管（图 4-92）

（1）承插型盘扣式钢管支架可分为标准型支架和重型支架。

1）标准型支架的立杆钢管的外径应为 48.3mm，水平杆和水平斜杆钢管的外径应为 48.3mm，竖向斜杆钢管的外径可为 33.7mm、38mm、42.4mm 和 48.3mm，可调底座和可调托撑丝杆的外径应为 38mm。

2）重型支架的立杆钢管的外径应为 60.3mm，水平杆和水平斜杆钢管的外径应为 48.3mm，竖向斜杆钢管的外径可为 33.7mm、38mm、42.4mm 和 48.3mm，可调底座和可调托撑丝杆的外径应为 48mm。

（2）立杆、水平杆、斜杆及构配件内外表面应热浸镀锌，不应涂刷油漆和电镀锌，构件表面应光滑，在连接处不应有毛刺、滴瘤和结块，镀层应均匀、牢固。

图 4-92 盘扣式钢管

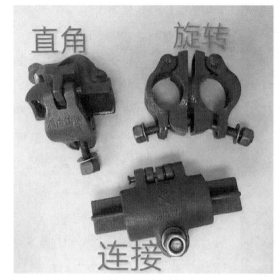

图 4-93 扣件

图 4-94 盘扣式构件——插销

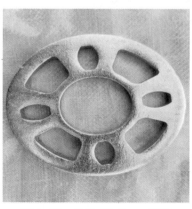

图 4-95 盘扣式构件——圆盘

三、构件

1. 扣件式扣件

（1）扣件（图 4-93）应采用可锻铸铁或铸钢制作，其质量和性能应符合现行国家标准的规定，采用其他材料制作的扣件，应经试验证明其质量符合该标准的规定后方可使用。

（2）扣件在螺栓拧紧扭力矩达到 65N·m 时，不得发生破坏。

2. 盘扣式构件

（1）铸件表面应做光整处理，不应有裂纹、气孔、缩松、砂眼等铸造缺陷，应将黏砂、浇冒口残余、披缝、毛刺、氧化皮等清除干净。

（2）冲压件应去毛刺，无裂纹和氧化皮等缺陷。

（3）制作构件的钢管不应接长使用。

（4）插销外表面应与扣接头内接触表面吻合；插销底端应设置弯钩，且应具有可靠防拔脱构造措施（图 4-94）。

（5）焊丝宜应符合现行国家标准，有效焊缝高度应不小于 3mm。

（6）焊缝应平整光滑、饱满，无明显漏焊、焊穿、夹渣、咬边、裂纹等缺陷。

（7）所有构配件焊接连接处均应满焊，且圆盘（图 4-95）与立杆连接处应双面焊接。

图 4-96　满堂支撑架——扫地杆与立杆

图 4-97　盘扣式脚手架

四、基础

通用要求

（1）应平整坚实，应满足承载力和变形要求；

（2）应设置排水措施，搭设场地不应积水；

（3）冬期施工应采取防冻胀措施。

图 4-96 中存在问题：

①处立杆底部垫板不符合要求。

正确做法：

（1）支架底部应按规范要求设置底座、垫板，底座、垫板均应准确地放在定位线上。

（2）垫板应采用长度不少于 2 跨、厚度不小于 50mm、宽度不小于 200mm 的木垫板。

（3）当支架设在楼面结构上时，应对楼面结构强度进行验算，必要时应对楼面结构采取加固措施。

图 4-97 中存在问题：

①处立杆下方无垫板。

正确做法：

土层地基上的立杆下应采用可调底座和垫板，垫板的长度不宜少于 2 跨。

图 4-98　承插型盘扣式钢管脚手架盘扣节点

五、承插型盘扣式钢管脚手架盘扣节点

1. 杆端扣接头与连接盘的插销连接锤击自锁后不应拔脱（图 4-98）。

2. 插销销紧后，扣接头端部弧面应与立杆外表面贴合。

六、可调底座与可调托撑

1. 通用要求

（1）脚手架可调底座和可调托撑调节螺杆插入脚手架立杆内的长度不应小于 150mm，且调节螺杆伸出长度应经计算确定，并应符合下列规定：当插入的立杆钢管直径为 42mm 时，伸出长度不应大于 200mm；当插入的立杆钢管直径为 48.3mm 及以上时，伸出长度不应大于 500mm。

（2）可调底座和可调托撑螺杆插入脚手架立杆钢管内的间隙不应大于 2.5mm。

（3）底座的钢板厚度不得小于 6mm，托座 U 形钢板厚度不得小于 5mm，钢板与螺杆应采用环焊，焊缝高度不应小于钢板厚度，并宜设置加劲板。

（4）可调底座和可调托座螺杆与可调螺母啮合的承载力应高于可调底座和可调托座的承载力，螺母厚度不得小于 30mm。

（5）可调螺杆的外伸长度不宜大于 300mm。当可调托座调节螺杆的外伸长度较大时，宜在水平方向设有限位措施，其可调螺杆的外伸长度应按计算确定。

（6）可调托撑应有产品质量合格证和质量检验报告。

图 4-99 中存在问题：

①处可调托撑支托板厚度小于 5mm。

图 4-99 可调托撑

正确做法：

扣件式钢管脚手架：

（1）可调托撑螺杆外径不得小于 36mm。

（2）可调托撑的螺杆与支架托板焊接应牢固，焊缝高

图4-100　承插型盘扣式钢管脚手架

度不得小于6mm；可调托撑螺杆与螺母旋合长度不得少于5扣，螺母厚度不得小于30mm。

（3）可调托撑支托板厚不应小于5mm，变形不应大于1mm。

（4）严禁使用有裂缝的支托板、螺母。

2. 承插型盘扣式钢管脚手架（图4-100）

（1）可调托撑伸出顶层水平杆或双槽托梁中心线的悬臂长度不应超过650mm，且丝杆外露长度不应超过400mm。

（2）作为扫地杆的最底层水平杆中心线距离可调底座的底板不应大于550mm。

图 4-101　扣件式钢管脚手架

图 4-102　立杆伸出顶层水平杆中心线距离

七、立杆

1. 通用要求

纵横向间距应相等或成倍数。

（1）当立杆需加密设置时，加密区的水平杆应向非加密区延伸不少于一跨；非加密区立杆的水平间距应与加密区立杆的水平间距互为倍数；

（2）立杆间距和步距应按设计计算确定，且间距不宜大于 1.5m，步距不应大于 2.0m；

（3）安全等级为 Ⅰ 级的支撑脚手架顶层 2 步距范围内架体的纵向和横向水平杆宜按减小步距加密设置。

2. 扣件式钢管脚手架（图 4-101）

（1）每根立杆铺设时应准确放在定位线上。

（2）每根立杆底部应设置底座或垫板。垫板长度不小于 2 跨，厚度不小于 50mm，宽度不小于 200mm。

（3）水平杆步距宜在 0.9~1.8m 之间，立杆间距宜在 0.9~1.2m 之间，并符合专项施工方案。

（4）立杆接长必须采用对接扣件连接，立杆的对接扣件应交错布置，两根相邻立杆的接头不应设置在同步内，同步内隔一根立杆的两个相隔接头在高度方向错开的距离不宜小于 500mm（图 4-102）；各接头中心至主节

图 4-103 承插型盘扣式钢管脚手架

点的距离不宜大于步距的 1/3。

（5）立杆伸出顶层水平杆中心线至支撑点的长度不应超过 0.5m。

（6）严禁将上段的钢管立柱与下段钢管立柱错开固定在水平拉杆上。

3. 承插型盘扣式钢管脚手架（图 4-103）

（1）立杆底部应设置垫板或可调底座，垫板的长度不宜少于 2 跨。

（2）首层立杆宜采用不同长度的立杆交错布置。

（3）当立杆处于受拉状态时，立杆的套管连接接长部位应采用螺栓连接。

（4）脚手架搭设完成后，立杆的垂直偏差不应大于支撑架总高度的 1/500，且不得大于 50mm。

图 4-104 扣件式钢管脚手架

图 4-105 脚手架立杆基础搭设不规范

八、扫地杆

1. 通用要求

脚手架底部立杆应设置纵向和横向扫地杆，扫地杆应与相邻立杆连接稳固。

2. 扣件式钢管脚手架（图 4-104）

（1）纵向扫地杆应采用直角扣件固定在距底座上皮不大于 200mm 处的立杆上；

（2）横向扫地杆应采用直角扣件固定在紧靠纵向扫地杆下方的立杆上。

图 4-105 中存在问题：

①处脚手架立杆基础不在同一高度上时，必须将高处的纵向扫地杆向低处延长不少于 2 跨与立杆固定。

②处靠边坡上方的立杆轴线到边坡的距离小于 500mm。

正确做法：

脚手架立杆基础不在同一高度上时，必须将高处的纵向扫地杆向低处延长不少于 2 跨与立杆固定，高低差不应大于 1m。靠边坡上方的立杆轴线到边坡的距离不应小于 500mm。

图 4-106　扣件式钢管脚手架

九、水平杆

1. 通用要求

（1）水平杆应按步距沿纵向和横向通长连续设置，不得缺失，且应与相邻立杆连接稳固；

（2）当支撑脚手架顶层水平杆承受荷载时，应经计算确定其杆端悬臂长度，并应小于 150mm；

（3）搭设步距不应超过 2m。

可调支托底部的立柱顶端应沿纵横向设置一道水平拉杆。

扫地杆与顶部水平拉杆之间的间距，在满足模板设计所确定的水平拉杆步距要求条件下，进行平均分配确定步距后，在每一步距处纵横向应各设一道水平拉杆。当层高在 8~20m 时，在最顶步距两水平拉杆中间应加设一道水平拉杆；当层高大于 20m 时，在最顶 2 步距水平拉杆中间应分别增加一道水平拉杆。所有水平拉杆的端部均应与四周建筑物顶紧顶牢。无处可顶时，应在水平拉杆端部和中部设竖向设置连续式剪刀撑。

2. 扣件式钢管脚手架（图 4-106）

（1）水平杆步距宜为 0.9~1.8m。

图 4-107 承插型盘扣式钢管脚手架

（2）水平杆接长应采用对接扣件连接或搭接，并符合下列规定：

1）两根相邻纵向水平杆的接头不应设置在同步或同跨内；不同步或不同跨两个相邻接头在水平方向错开的距离不应小于 500mm；各接头中心至最近主节点的距离不应大于纵距的 1/3；

2）水平杆长度不宜小于 3 跨；

3）搭接长度不应小于 1m，应等间距设置 2 个旋转扣件固定，端部扣件盖板边缘至搭接纵向水平杆杆端的距离不应小于 100mm。

3. 承插型盘扣式钢管脚手架（图 4-107）

当标准型（B 型）立杆荷载设计值大于 40kN，或重型（Z 型）立杆荷载设计值大于 65kN 时，脚手架顶层步距应比标准步距缩小 0.5m。

十、剪刀撑

1.一般要求

（1）剪刀撑的设置应均匀、对称。

（2）每道竖向剪刀撑的宽度应为 6~9m，剪刀撑斜杆的倾角应在 45°~60° 之间。

（3）安全等级为 Ⅱ 级的支撑脚手架应在架体周边、内部纵向和横向每隔不大于 9m 设置一道；安全等级为 Ⅰ 级的支撑脚手架应在架体周边、内部纵向和横向每隔不大于 6m 设置一道。

（4）竖向斜撑杆、竖向交叉拉杆代替支撑脚手架竖向剪刀撑时，应符合下列规定：安全等级为 Ⅱ 级的支撑脚手架应在架体周边、内部纵向和横向每隔 6~9m 设置一道；安全等级为 Ⅰ 级的支撑脚手架应在架体周边、内部纵向和横向每隔 4~6m 设置一道。每道竖向斜撑杆、竖向交叉拉杆可沿支撑脚手架纵向、横向每隔 2 跨在相邻立杆间从底至顶连续设置；也可沿支撑脚手架竖向每隔 2 步距连续设置。斜撑杆可采用八字形对称布置。

（5）水平剪刀撑，并应符合下列规定：安全等级为 Ⅱ 级的支撑脚手架宜在架顶处设置一道水平剪刀撑；安全等级为 Ⅰ 级的支撑脚手架应在架顶、竖向每隔不大于 8m 各设置一道水平剪刀撑；每道水平剪刀撑应连续设置，剪刀撑的宽度宜为 6~9m。

（6）水平斜撑杆、水平交叉拉杆代替支撑脚手架每层的水平剪刀撑时，应符合下列规定：安全等级为 Ⅱ 级的支撑脚手架应在架体水平面的周边、内部纵向和横向每隔不大于 12m 设置一道；安全等级为 Ⅰ 级的支撑脚手架宜在架体水平面的周边、内部纵向和横向每隔不大于 8m 设置一道；水平斜撑杆、水平交叉拉杆应在相邻立杆间连续设置。

（7）支撑脚手架同时满足下列条件时，可不设置竖向、水平剪刀撑：搭设高度小于 5m，架体高宽比小于 1.5；被支承结构自重面荷载不大于 5kN/m²；线荷载不大于 8kN/m；杆件连接节点的转动刚度符合要求；架体结构与既有建筑结构可靠连接；立杆基础均匀，满足承载力要求。

2.扣件式钢管脚手架

满堂模板和共享空间模板支架立柱，在外侧周圈应设由下至上的竖向连续式剪刀撑；中间在纵横向应每隔 10m 左右设由下至上的竖向连续式剪刀撑，其宽度宜为 4~6m，并在剪刀撑部位的顶部、扫地杆处设置水平剪刀撑。剪刀撑杆件的底端应与地面顶紧，夹角宜为 45°~60°。

当建筑层高在 8~20m 时，除应满足上述规定外，还应在纵横向相邻的两竖向连续式剪刀撑之间增加之字斜撑，在有水平剪刀撑的部位，应在每个剪刀撑中间处增加一道水平剪刀撑。

当建筑层高超过 20m 时，在满足以上规定的基础上，应将所有之字斜撑全部改为连续式剪刀撑。

（1）普通型满堂支撑架剪刀撑（图 4-108、图 4-109）应符合下列规定：

1）在架体外侧周边及内部纵、横向每 5~8m，应由底至顶设置连续竖向剪刀撑，剪刀撑宽度应为 5~8m；

2）在竖向剪刀撑顶部交点平面应设置连续水平剪刀撑。当支撑高度超过 8m，或施工总荷载大于 15kN/m²，或集中线荷载大于 20kN/m 的支撑架，扫地杆的设置层应设置水平剪刀撑。水平剪刀撑至架体底平面距离与水平剪刀撑间距不宜超过 8m。

（2）加强型满堂支撑架剪刀撑应符合下列规定：

1）当立杆纵、横间距为 0.9m×0.9m~1.2m×1.2m 时，在架体外侧周边及内部纵、横向每 4 跨（且不大于 5m），应由底至顶设置连续竖向剪刀撑，剪刀撑宽度应为 4 跨；

2）当立杆纵、横间距为 0.6m×0.6m~0.9m×0.9m（含 0.6m×0.6m,0.9m×0.9m）时，在架体外侧周边及内部纵、横向每 5 跨（且不小于 3m），应由底至顶设置连续竖向剪刀撑，剪刀撑宽度应为 5 跨；

3）当立杆纵、横间距为 0.4m×0.4m~0.6m×0.6m（含 0.4m×0.4m）时，在架体外侧周边及内部纵、横向每 3~3.2m 应由底至顶设置连续竖向剪刀撑，剪刀撑宽度应为 3~3.2m；

4）在竖向剪刀撑顶部交点平面应设置水平剪刀撑，水平剪刀撑至架体底平面距离与水平剪刀撑间距不宜超过 6m、剪刀撑宽度应为 3~5m。

（3）当建筑层高在 8~20m 时，在有水平剪刀撑的部位，应在每个剪刀撑中间处增加一道水平剪刀撑。当建筑层高超过 20m 时，应将所有之字斜撑全部改为连续式剪刀撑。

图 4-108 普通型满堂支撑架剪刀撑（一）

图 4-109 普通型满堂支撑架剪刀撑（二）

图 4-110 承插型盘扣式钢管脚手架剪刀撑

（4）剪刀撑应用旋转扣件固定在与之相交的水平杆或立杆上，旋转扣件中心线至主节点的距离不宜大于 150mm。

（5）表面应涂刷油漆，剪刀撑表面应刷警示漆。

（6）剪刀撑斜杆的接长应采用搭接，搭接长度不应小于 1m，并应采用不少于 2 个旋转扣件固定。端部扣件盖板的边缘至杆端距离不应小于 100mm。

3.承插型盘扣式钢管脚手架剪刀撑（图 4-110）

（1）支撑架应沿高度每间隔 4~6 个标准步距应设置水平剪刀撑。

（2）对标准步距为 1.5m 的支撑架，应根据支撑架搭设高度、支撑架型号及立杆轴向力设计值进行竖向斜杆布置。

（3）当支撑架搭设高度大于 16m 时，顶层步距内应每跨布置竖向斜杆，竖向斜杆不应采用钢管扣件。

图 4-111　连墙件

图 4-112　独立塔架式支撑架

十一、连墙件

1. 扣件式钢管脚手架

（1）当支架立柱高度超过 5m 时，应在立柱周围外侧和中间有结构柱的部位，按水平间距 6~9m、竖向间距 2~3m 与建筑结构设置一个固结点。

（2）满堂脚手架的高宽比不宜大于 3，当高宽比大于 2 时，应在架体的外侧四周和内部水平间隔 6~9m、竖向间隔 4~6m 设置连墙件与建筑结构拉结（图 4-111），当无法设置连墙件时，应采取设置钢丝绳张拉固定等措施。

2. 承插型盘扣式钢管脚手架

（1）当以独立塔架式搭设支撑架时（图 4-112），应沿高度每间隔 2~4 个步距与相邻的独立塔架水平拉结。

（2）当支撑架搭设高度超过 8m、周围有既有建筑结构时，应沿高度每间隔 4~6 个步距与周围已建成的结构进行可靠拉结。

（3）连墙件应采用刚性杆件。

第五节　吊篮

一、基本规定

1.吊篮必须使用厂家生产的定型产品，设备要有制造许可证、产品合格证和产品使用说明书。安装完毕后经使用单位、安装单位、总包单位验收合格方可使用。

2.高处作业吊篮连接件和紧固件应符合下列规定：

（1）结构件采用螺栓连接的必须使用8.8级高强螺栓，使用时加装垫圈和弹性垫圈；

（2）结构件采用销轴连接方式时，应使用生产厂家提供的产品。销轴规格必须符合原设计要求。销轴必须用开口销锁定，防止脱落。

3.吊篮操作人员必须经过安全技术培训，经考试合格后持证上岗作业。

4.吊篮内作业人员不应超过2人，相邻2台吊篮不得在竖向存在不等高施工，造成交叉作业。

5.在吊篮内的作业人员应佩戴安全帽，系安全带，并应将安全带用安全锁扣正确挂置在独立设置的安全绳上。

6.下班后不得将吊篮停留在半空中，应将吊篮放至地面。人员离开吊篮、进行吊篮维修或每日收工后应将主电源切断，并应将电气柜中各开关置于断开位置并加锁。

7.吊篮宜安装防护棚，防止高处坠物造成作业人员伤害。

8.使用吊篮作业时，应排除影响吊篮正常运行的障碍。在吊篮下方可能造成坠落物伤害的范围，应设置安全隔离区和警告标志，人员或车辆不得停留、通行。

9.吊篮施工遇有雨雪、大雾、风沙及5级以上大风等恶劣天气时，应停止作业，并将吊篮平台停放至地面，对钢丝绳、电缆进行绑扎固定。

10.施工中发现吊篮设备故障和安全隐患时，必须及时排除，可能危及人身安全时，必须停止作业。应由专业人员进行维修。维修后的吊篮应重新进行验收检查，合格后方可使用。

11.高处作业吊篮安装和使用时，在10m范围内如有高压输电线路必须采取隔离措施。

12.作业中不得擅自拆除吊篮上的任何部件或在吊篮上

安装其他附加设施。

13. 不得将吊篮作为垂直运输设备，不得采用吊篮运送物料。

14. 吊篮正常工作时，人员应从地面进入吊篮内，不得从建筑物顶部、窗口或其他孔洞处上下吊篮（首层除外）。

15. 进行喷涂作业或使用腐蚀性液体进行清洗作业时，应对吊篮的提升机、安全锁、电气控制柜采取防污染保护措施。

16. 使用吊篮进行电焊作业时，应对吊篮设备、钢丝绳、电缆采取保护措施。严禁将电焊机放置在吊篮内，电缆线不得与吊篮任何部位接触；电焊钳不得搭挂在吊篮上。

17. 安装前，必须对有关技术和操作人员进行安全技术交底，要求内容齐全、有针对性，交底双方签字。

18. 吊篮安装、拆除时，应按专项施工方案并应在专业人员的指导下实施。吊篮安装、拆除作业前，应划定安全区域，并应排除作业障碍。

19. 高处作业吊篮拆除应将吊篮平台下落至地面，并应将钢丝绳从提升机、安全锁中退出，切断总电源。

20. 拆除支撑悬挂机构时，应对作业人员和设备采取相应的安全措施。拆卸分解后的构配件不得放置在建筑物边缘，应采取防止坠落的措施。零散物品应放置在容器中。不得将吊篮任何部件从屋顶处抛下。

21. 在吊篮内从事安装、维修等作业时，操作人员应佩戴工具袋。

二、吊篮平台

1.基本要求

（1）吊篮平台上的作业人员必须佩戴安全带，安全带不允许连接在吊篮平台上。

（2）吊篮平台上的作业人员必须是适合于高处作业并经过技术培训和考核合格的人员，必须严格遵守操作规程，严禁超载使用。

（3）当吊篮平台沿着外墙面移动需要由导引构件引导时，外墙面应设置这种构件。外墙构件应能使吊篮平台内的操作人员安全地靠近需要进行作业的部分，而不得使操作人员悬空俯身。

（4）吊篮平台内应保持荷载均衡，严禁超载运行。

（5）吊篮做升降运行时，工作平台两端高差不得超过150mm。

（6）使用高度在60m及以下的宜选用长边不大于7m的吊篮平台；使用高度在100m及以下的宜选用长边不大于5m的吊篮平台；高度100m以上的宜选用不大于2.5m的吊篮平台。

（7）悬挑结构平行移动时，应将吊篮平台降落至地面，其钢丝绳处于松弛状态。

（8）吊篮平台与提升机构的连接必须牢固、可靠，不得有任何松动现象。

（9）吊篮平台内应设有安全带和工具的挂钩装置。

（10）吊篮平台无明显变形和严重锈蚀及大量附着物。

2.吊篮平台悬挂标志

图4-113中存在问题：

①处无一级风险点、您已进入一级风险点、风险管控牌字样。

正确做法：

平台护栏显著位置应按要求悬挂安全警示标志。例如：一级风险点字样、您已进入一级风险点字样、风险管控牌字样。

图4-113 吊篮

图 4-114　吊篮提升机

图 4-115　吊篮卷扬式提升机构

三、提升机构

1. 吊篮提升机（图 4-114）应有独立标牌，并标明产品型号、技术参数、出厂编号、出厂日期、标定期、制造单位。

2. 吊篮卷扬式提升机构（图 4-115）的卷筒必须有挡线盘，钢丝绳应整齐地缠绕在卷筒上，当吊篮平台提升高度达到最大行程时，挡线盘高出卷筒上的最后一层钢丝绳的高度至少为钢丝绳直径的 2 倍。

图 4-116 吊篮

3. 提升机构的传动禁止采用摩擦装置、离合器、皮带传动等。

4. 提升机构的所有传动外露部分必须装上机罩或类似的防护装置。

图 4-116 为吊篮示例。

四、制动器

1. 吊篮制动器（图 4-117）应能使吊篮平台在 100mm 范围内停住，采用常闭式制动器，并整体安装在提升机构上或提升电机上，制动器的各部分位置均应便于检修和调整，并有防水保护。

2. 辅助制动器一般应刚性安装在提升机构的机架或底座上，可用常闭式制动也可用手动机械制动，该制动器主要是使用在提升机构采用手摇驱动情况下，能使吊篮平台在 100mm 范围内停住，其安装位置要便于操作、检修和调整，并有防水保护。

图 4-117　吊篮制动器

图4-118　吊篮行程限位器

五、行程限位器

1. 吊篮应安装上限位装置和下限位装置，并应保证限位装置灵敏可靠。

2. 吊篮行程限位器（图4-118）的安装方式须是以吊篮平台自身直接去触动。

六、安全锁

1.基本规定

（1）吊篮应安装防坠安全锁（图4-119），并应灵敏有效，吊篮的整机检测和安全锁的标定应按期进行。安全锁的标定期不得超过1年。安全锁受冲击载荷后应进行解体检验、标定。

图4-119　吊篮防坠安全锁

（2）安全锁扣的部件必须完好、齐全，规格和方向标识应清晰可辨。

（3）使用离心触发式安全锁的吊篮在空中停留作业时，应将安全锁锁定在安全绳上；空中启动吊篮时，应先将吊篮提升使安全绳松弛后再开启安全锁。不得在安全绳受力时强行扳动安全锁开启手柄。不得将安全锁开启手柄固定于开启位置。

（4）正常工况下，安全锁应能手动锁住钢丝绳；使用前，应试运行升降，检查安全锁动作的可靠性。

2.应在吊篮平台悬挂处增设一根与提升机构上使用的型号相同的安全钢丝绳。每根安全钢丝绳上必须有不能自动复位的安全锁。

3.安全锁要可靠，并需经严格的检验和试验，不合格的产品不准装配和出厂，安全锁必须在有效期内使用，超期必须由专业厂检测合格后方可使用。

4.安全锁应有独立标牌，并应标明产品型号、技术参数、出厂编号、出厂日期、标定期、制造单位。

七、安全绳

基本规定

（1）高处作业吊篮必须设置专为作业人员使用的挂设安全带的安全绳及安全锁扣，数量应根据平台内的人员数配备；

（2）安全绳直径应与安全锁扣的规格相一致；

（3）在吊篮内的作业人员必须正确佩戴安全帽，系好安全带并将安全锁扣正确挂置在独立设置的安全绳上；

（4）电焊作业时应对钢丝绳采取保护措施；

（5）钢丝绳出现下列情况之一时报废：

1）钢丝绳出现波浪形；

2）钢丝绳出现蓝形或笼状畸形；

3）钢丝绳绳芯或绳股突出或扭曲；

4）钢丝绳钢丝环状突出；

5）钢丝绳绳径局部增大；

6）钢丝绳局部扁平；

7）钢丝绳扭结；

8）钢丝绳弯折；

9）钢丝绳上受热和电弧引起的损伤（钢丝绳加热过后颜色的变化或钢丝绳上润滑脂的异常消失）。

图 4-120 中存在问题：

①处安全绳绑在座机杆上。

②处安全绳打结使用，且有松散、断股现象。

③处安全绳与结构绑扎的关键部位未采取防磨损措施。

正确做法：

（1）安全绳应固定在建筑主体结构上或专用预埋环上，不得与吊篮上的任何部位连接。

（2）安全绳不得有松散、断股、打结现象。

（3）安全绳应使用锦纶安全绳，锦纶绳直径不小于16mm，锁绳器符合要求，安全绳与结构固定点的连接可靠。

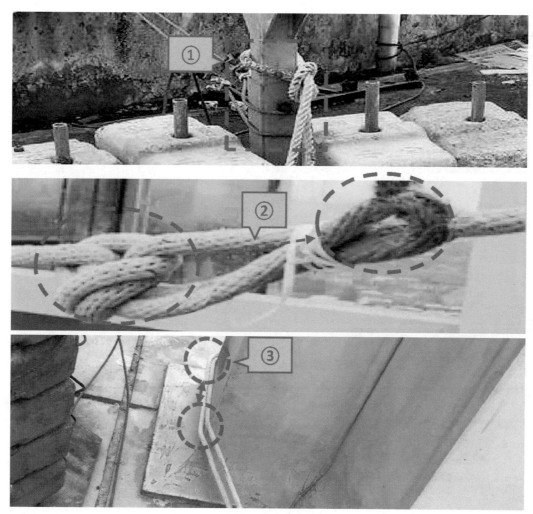

图 4-120　安全绳

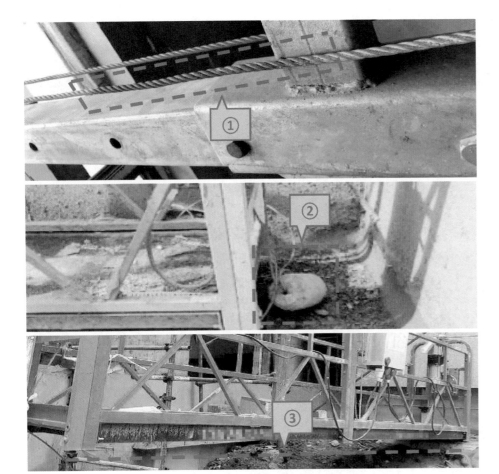

图4-121　安全钢丝绳与吊篮平台落地

八、钢丝绳

图4-121中存在问题：

①处钢丝绳生锈。

②处安全钢丝绳未按规范及说明书要求进行悬空10~20cm高度设置。

③处吊篮底部基础不平整，吊篮无法平稳落地。

正确做法：

（1）钢丝绳不应有断丝、断股、松股、锈蚀、硬弯及油污和附着物。

（2）吊篮运行时安全钢丝绳应张紧悬垂。

（3）安全钢丝绳应单独设置，型号规格应与工作钢丝绳一致。

（4）悬挑结构平行移动时，应将吊篮平台降落至地面，并应使其钢丝绳处于松弛状态。

（5）在任何情况下承重钢丝绳的实际直径不应小于6mm。

（6）严禁以连接两根或多根钢丝绳的方法去加长或修补。

九、悬挂机构

基本规定

（1）悬挂机构宜采用刚性联结方式进行拉结固定（图4-122）；

（2）悬挂机构前支架严禁支撑在女儿墙上、女儿墙外或建筑物挑檐边缘，当施工现场无法满足产品使用说明书规定的安装条件时，应采取相应的安全技术措施，确保抗倾覆力矩、结构强度和稳定性均达到标准要求；

（3）安装任何形式的悬挑结构，其施加于建筑物或构筑物支撑处的作用力，均应符合建筑结构的承载能力，不得对建筑物和其他设施造成破坏和不良影响；

（4）前梁外伸长度及高度应符合高处作业吊篮使用说明书的规定，当前梁安装高度超出标准悬挂支架的前梁高度时，应校核其前支架的压杆稳定性；

（5）一台吊篮的两组悬挂机构之间的安装距离应不小于悬吊平台两吊点间距，其误差不大于100mm；

（6）悬挑横梁应前高后低，严禁前低后高，前后水平高差不应大于横梁长度的2%；

（7）当使用2个以上的悬挂机构时，悬挂机构吊点水平间距与吊篮平台的吊点间距应相等，其误差不应大于50mm；

（8）悬挂机构前支架应与支撑面保持垂直，脚轮不得受力。

存在问题：

①处未设置前支撑，且横梁直接搁置在女儿墙边沿上。

②处横梁前后水平高低差超过横杆长度2%。

正确做法：

（1）不允许不装前支架而将横梁直接担在女儿墙或其他支撑物上。必须采用女儿墙作支撑时，女儿墙支承处的压弯载荷应按有关规定进行测试，测得的数值要满足安装要求。

（2）横梁前后水平高差不应大于横梁长度的2%。

图4-122 吊篮悬挂支架

图 4-123 配重块

十、配重

基本规定

（1）配重块应固定可靠，并应有防止随意移动的措施。

（2）抗倾覆系数等于配重矩比前倾力矩，其比值不得小于 2。

（3）严禁使用破损的配重块或其他替代物。

图 4-123 中存在问题：

①处配重块未进行防搬动固定且无重量标记等相关警示标志。

正确做法：

配重块上醒目位置设置警示标志，如"严禁挪动"字样。

十一、电气系统

1.吊篮的电源电缆应有保护措施，以防止意外的触碰，并应单独使用，且安装熔断保险开关。

2.吊篮的电器系统应有可靠的接零。

3.电气系统中所选用的电气元件必须灵敏可靠。

4.吊篮上备用的便携式电动工具使用的额定电压值不得超过220V，并应有可靠的接零。

5.电器系统中应配备漏电保护器。

6.吊篮应设置相序继电器，确保电源缺相、错相连接时不会导致错误的控制响应。

7.电气系统供电采用三相五线制，接零、接地线应始终分开，接地线应采用黄绿相间线，并有明显的接地标志。

8.设备通过插头连接电源时，与电源线连接的插头结构应为母式。在拔下插头的状态下，操作者即可检查任何工作位置的情况。

9.电机外壳及所有电气设备的金属外壳、金属护套都应可靠接地，接地电阻应不大于4Ω。

存在问题：

①处紧急停止按钮损坏松动，内部连接与箱体外壳绝缘度降低。

②处控制箱上部封板变形造成裂缝，密闭防水效果降低。

③处未悬挂安全操作规程及验收标示牌。

正确做法：

（1）电气系统中的主要元件均应安装在电器控制箱内，并集装在绝缘板上，必须保证与电器控制箱外壳绝缘。

（2）电器控制箱（图4-124）应有可靠的防水措施。

（3）悬挂安全操作规程及验收标示牌。

图4-124 电器控制箱

第五章

起重机械

第一节　塔式起重机

一、基本规定

1. 塔式起重机安装、拆卸单位必须具有从事塔式起重机安装、拆卸业务的资质。

2. 塔式起重机安装、拆卸单位应具备安全管理保证体系，有健全的安全管理制度。

3. 塔式起重机安装、拆卸作业应具备下列人员：

（1）具有安全生产考核合格证书的项目负责人和安全负责人、机械管理人员；

（2）具有建筑施工特种操作资格证书的建筑起重机械安装拆卸工、起重司机、起重信号工、司索工特种作业操作证。

4. 对塔式起重机应建立技术档案，其技术档案应包括下列内容：

（1）购销合同、制造许可证、产品合格证、制造监督检验证明、使用说明书、备案证等原始资料；

（2）定期检验报告、定期自行检查记录、定期维修保养记录、维修和技术改造记录、运行障碍和生产安全事故记录、累计运转记录等运行资料；

（3）历次安装验收资料。

5. 有下列情况之一的塔式起重机严禁使用：

（1）国家明令淘汰的产品；

（2）超过规定使用年限经评估不合格的产品；

（3）不符合国家现行相关标准的产品；

（4）没有完整安全技术档案的产品。

6. 塔式起重机安装、拆卸前，专业安装、拆卸单位应编制专项施工方案，指导作业人员实施安装、拆卸作业。专项施工方案应根据塔式起重机使用说明书和作业场地的实际情况编制，并应符合国家现场相关标准规定。专项施工方案应由本单位技术、安全、设备等部门审核、技术负责人审批后，经监理单位批准实施。

7. 起重吊装作业前，专业安装、拆卸单位必须编制吊装作业的专项施工方案，并应进行安全技术措施交底；作业中，未经技术负责人批准，不得随意更改。

8. 当多台塔式起重机在同一施工现场交叉作业时，应编制专项方案，并应采取防碰撞的安全措施。任意两台塔

式起重机之间的最小架设距离应符合下列规定:

（1）低位塔式起重机的起重臂端部与另一台塔式起重机的塔身之间的距离不得小于 2m;

（2）高位塔式起重机的最低位置的部件（或吊钩升至最高点或平衡重的最低部位）与低位塔式起重机中处于最高位置部件之间的垂直距离不得小于 2m。

9. 塔式起重机在安装前和使用过程中，发现有下列情况之一的，不得安装和使用:

（1）结构件上有可见裂纹和严重锈蚀的;

（2）主要受力构件存在塑性变形的;

（3）连接件存在严重磨损和塑性变形的;

（4）钢丝绳达到报废标准的;

（5）安全装置不齐全或失效的。

10. 严禁在塔式起重机塔身上附加广告牌或其他标语牌。严禁用塔式起重机载运人员。严禁吊物长时间悬挂在空中。

11. 遇有风速在 12m/s 及以上的大风或大雨、大雪、大雾等恶劣天气时，应停止作业。雨雪过后，应先经过试吊，确认制动器灵敏可靠后方可进行作业。夜间施工应有足够照明。

12. 塔式起重机的主要部件和安全装置等应进行经常性检查，每月不得少于 1 次，并应有记录;当塔式起重机使用周期超过 1 年时，应按有关规定进行一次全面检查，合格后方可继续使用。

13. 塔式起重机的安全装置必须齐全，并应按程序进行调试合格。

14. 连接件及其防松防脱件严禁用其他代用品代用。连接件及其防松防脱件应使用力矩扳手或专用工具紧固连接螺栓。

15. 塔式起重机起重司机、起重信号工、司索工等操作人员应取得特种作业人员资格证书，严禁无证上岗。塔式起重机使用前，应对起重司机、起重信号工、司索工等作业人员进行安全技术交底。

16. 塔式起重机的力矩限制器、重量限制器、变幅限位器、行走限位器、高度限位器等安全保护装置不得随意调整和拆除，严禁用限位装置代替操纵机构。

17. 拆卸时应先降节，后拆除附着装置。

图 5-1　塔式起重机基础排水设施、防护围栏及安全警示标志

二、基础

图 5-1 中存在问题：

①处基础无排水设施，造成积水。

②处基础四周无防护围栏，且无安全警示标志。

正确做法：

（1）地基坚实、平整，地基或基础周围应有排水设施。

（2）基础四周应有安全可靠的围护，悬挂安全警示标志。

图 5-2 塔式起重机地脚螺栓

图 5-2 中存在问题：

①处基础地脚螺栓未使用双螺母紧固。

正确做法：

基础地脚螺栓：高强螺栓连接应按说明书要求预紧，应有双螺母防松措施且螺栓高出螺母顶平面的 3 倍螺距。

塔式起重机在基坑上部时，距基坑边的距离：基础底面外边缘至坡顶的水平距离大于等于 2m，基础底面至坡底的竖向距离不大于 1m。基础上部塔式起重机基础与基坑边坡距离示意图如图 5-3 所示。

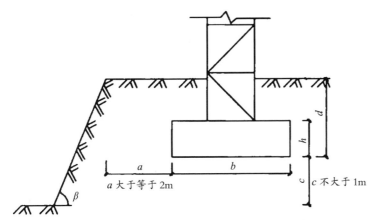

图 5-3 基坑上部塔式起重机基础与基坑边坡距离示意图

图 5-4　塔式起重机基础接地

三、基础防雷接地

图 5-4 中存在问题：

①处接线断开，防雷接地装置失效。

正确做法：

塔式起重机的金属结构、轨道应有可靠的接地装置，接地电阻不得大于 4Ω，高位塔式起重机应有防雷设置。

为避免雷击，塔机主体结构、电机机座及所有电气设备的金属外壳、导线的金属保护管均应可靠接地，其接地电阻应不大于 4Ω。采用多处重复接地时，其接地电阻应不大于 10Ω。

（a）标准节

（b）销轴

（c）塔身

（d）高强螺栓

图5-5 塔身、平衡臂示例

四、塔身、平衡臂

图5-5中存在问题：

①处结构件可见裂纹严重。

②处连接销轴不符合要求，以铁丝代替开口销。

③处塔身垂直度超差。

④处高强螺栓松动，间隙明显可见。

正确做法：

（1）金属结构件主要结构无可见裂纹和明显变形。附着设备设置位置和附着距离符合方案规定，结构形式正确，附墙与建筑物连接牢固。附着杆无明显变形，焊接无裂纹。

（2）主要连接螺栓齐全，规格和预紧力达到使用说明书要求。主要连接销轴符合出厂要求，连接可靠。

（3）在空载、风速不大于3m/s状态下，独立状态塔身（或附着状态下最高附着点以上塔身）轴心线对支承面的垂直度≤4/1000，附着状态下最高附着点以下塔身轴心线对支承面的垂直度≤2/1000。

（4）高强螺栓连接应按说明书要求拧紧，螺栓拧紧力矩达到技术要求，开口销完全撬开。

图 5-6 塔机电缆

图 5-6 中存在问题：

①处电缆与塔身未采取绝缘隔离固定。

正确做法：

（1）塔式起重机尾部与周围建筑物及其外围施工设施之间的安全距离不应小于 0.6m。

（2）塔身上的电缆及电线无破损、老化，与金属接触处有绝缘材料隔离。移动电缆有电缆卷筒或其他防止磨损措施。

五、两台起重机的安全距离要求

图 5-7 中存在问题：

①处两塔机之间高低位垂直距离小于 2m。

正确做法：

两台塔式起重机之间的最小架设距离，处于低位的塔式起重机的臂架端部与任意一台塔式起重机塔身之间的距离不应小于 2m，处于高位的塔式起重机的最低位置的部件与低位塔式起重机处于最高位置的部件之间的垂直距离不应小于 2m。

图 5-7　塔机间高低位垂直距离

（a）垂直距离

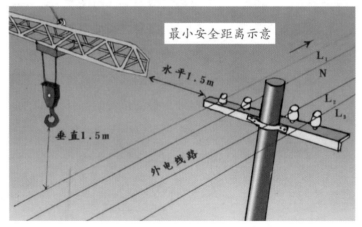

最小安全距离示意

水平1.5m

垂直1.5m

外电线路

（b）水平距离

图5-8　起重机与架空线路安全距离

六、起重机与架空线路安全距离要求

图5-8中存在问题：

①处塔式起重机与架空线路垂直安全距离不符合规定要求。

正确做法：

有架空输电线的场所，塔式起重机的任何部位与架空线路边线的最小安全距离，应符合表5-1的规定。

塔式起重机与架空线路边线的最小安全距离　　　　表5-1

电压（kV）	<1	1~15	20~40	60~110	220
沿垂直方向（m）	1.5	3.0	4.0	5.0	6.0
沿水平方向（m）	1.0	1.5	2.0	4.0	6.0

注：如因条件限制不能满足上表中的安全距离，应与有关部门协商，并采取安全防护设施后方可架设。

图 5-9 塔身悬挂标识牌位置

七、塔身悬挂标识牌规定

图 5-9 中存在问题：

①处未悬挂安全风险告知牌。

②处未悬挂风险公示牌、验收标识牌。

③处未悬挂施工安全要点公示牌。

④处塔身下部未悬挂安全警示牌。

⑤处塔身下部未悬挂特种作业人员证书。

正确做法：

（1）塔身的下部显著位置应悬挂安全风险告知牌。

（2）塔身的下部显著位置应悬挂风险公示牌，验收合格后，悬挂验收标识牌，公示验收时间及责任人员。

（3）塔身的下部显著位置应悬挂施工安全要点公示牌。

（4）塔身的下部显著位置应悬挂安全警示牌。

（5）塔身的下部显著位置应悬挂司机操作证、登记准许使用证。

（a）起吊钢丝绳

（b）卷筒排绳

（c）钢丝绳端部固接

图 5-10　钢丝绳

八、钢丝绳

图 5-10 中存在问题：

①处钢丝绳扭结变形、起毛且锈蚀严重。

②处卷筒排绳混乱，并与损坏的钢丝绳防脱槽装置干涉。

③处钢丝绳端部固接不符合规范要求。

正确做法：

（1）起重机使用的钢丝绳，应有钢丝绳制造厂签发的产品技术性能和质量证明文件。

（2）起重机使用的钢丝绳的规格、型号应符合该机说明书要求，并应与滑轮和卷筒相匹配，穿绕正确。

（3）钢丝绳不得有扭结、压扁、弯折、断股、断丝、断芯、笼状畸变等变形。

（4）圆股钢丝绳断丝根数的控制标准应符合有关规定。

（5）钢丝绳润滑应良好，并保持清洁。

（6）钢丝绳与卷筒连接应牢固，钢丝绳放出时，卷筒上应保留 3 圈以上。

（7）钢丝绳端部固接应达到说明书规定的强度。

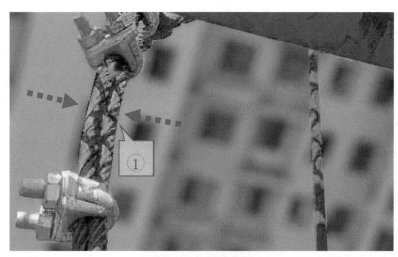

图 5-11 钢丝绳绳卡

图 5-12 U 形绳卡

九、绳卡

图 5-11 中存在问题：

①处绳卡数量不符合规范要求。

正确做法：

绳卡与钢丝绳的直径应匹配，规格、数量应符合表 5-2 的规定。

最少绳卡数规定				表 5-2
钢丝绳公称直径（mm）	< 18	18~26	26~36	36~44	44~60
最少绳卡数（个）	3	4	5	6	7

图 5-12 中存在问题：

①处绳卡夹板、U 形螺栓固定方向正反交错。

正确做法：

绳卡间距应是 6~7 倍钢丝绳直径，最后一个绳卡距绳头的长度不得小于 140mm。绳卡滑鞍（夹板）应在钢丝绳承载时受力的一侧，U 形螺栓应在钢丝绳的尾端，不得正反交错。绳卡初次固定后，应待钢丝绳受力后再次紧固，并宜拧紧到使尾端钢丝绳受压处直径高度压扁 1/3。作业中应经常检查紧固情况。

图 5-13　弹簧

十、制动器

图 5-13 中存在问题：

①处起升机构制动器弹簧明显偏差，且无防护罩。

正确做法：

（1）起升、回转、变幅、行走机构都应配置制动器，且灵敏可靠。

（2）制动器零件有下列情况之一时，应予报废：

1）可见裂纹；

2）制动块（带）摩擦衬垫磨损量达原厚度的 50%；

3）制动轮表面磨损量达 1.5~2.0mm；

4）弹簧出现塑性变形；

5）电磁铁杠杆系统空行程超过其额定行程的 10%。

图 5-14 吊钩

十一、吊钩

图 5-14 中存在问题：

①处吊钩安全钩变形失灵。

正确做法：

（1）吊钩应符合下列规定：

1）起重机不得使用铸造的吊钩；

2）吊钩严禁补焊；

3）吊钩表面应光洁，不应有剥裂、锐角、毛刺、裂纹；

4）吊钩应设有防脱装置；防脱棘爪在吊钩负载时不得张开，安装棘爪后钩口尺寸减小值不得超过钩口尺寸的 10%；防脱棘爪的形态应与钩口端部相吻合。

（2）吊钩出现下列情况之一时应予以报废：

1）表面有裂纹或破口；

2）钩尾和螺纹部分等危险截面及钩筋有永久性变形；

3）挂绳处截面磨损量超过原高度的 10%；

4）开口度比原尺寸增加 15%，开口扭转变形超过 10°；

5）板钩衬套磨损达原尺寸的 50% 时，应报废衬套；

6）板钩芯轴磨损达原尺寸的 5% 时，应报废芯轴。

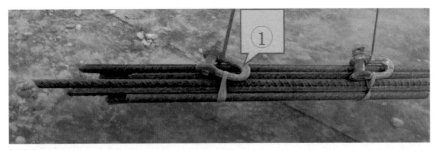

（a）卸扣

（b）吊钩

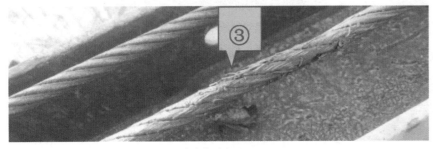

（c）起升钢丝绳

图 5-15 吊具与索具示例

十二、吊具与索具

图 5-15 中存在问题：

①处卸扣横向受力。

②处吊钩保险失效。

③处起升钢丝绳局部断丝严重。

正确做法：

（1）吊具、索具在每次使用前应进行检查，经检查确认符合要求后，方可继续使用。当发现有缺陷时，应停止使用。

（2）吊具与索具应与吊重种类、吊运具体要求以及环境条件相适应。

（3）吊具承载时不得超过额定起重量，吊索（含各分肢）不得超过安全工作载荷。

（4）吊索必须由整根钢丝绳制成，中间不得有接头。环形吊索应只允许有一处接头。

（5）当采用两点或多点起吊时，吊索数宜与吊点数相符，且各根吊索的材质、结构尺寸、索眼端部固定连接、端部配件等性能应相同。

图 5-16 回转限位器

十三、回转限位器

图 5-16 中存在问题：

①处回转限位器失效。

正确做法：

回转限位器应灵敏可靠。在非工作状态时，应松开回转制动器，回转部分应能自由旋转。

（a）限位开关

（b）止挡缓冲块

图 5-17 变幅小车示例

十四、变幅小车

图 5-17 中存在问题：

①处限位开关蓝线脱落、失效。

②处小车止挡缓冲装置损坏。

正确做法：

（1）对小车变幅的塔机应设置小车行程限位开关，并灵敏可靠。

（2）对小车变幅的塔机应设置终端缓冲装置。

（a）防脱装置

（b）标准节套架

（c）压力表

图 5-18 顶升系统示例

十五、顶升系统

图 5-18 中存在问题：

①处液压顶升底部销轴防脱装置不符合要求。

②处标准节套架焊接部位可见裂纹。

③处顶升油缸压力没按要求进行释放。

正确做法：

（1）顶升横梁防脱装置完好可靠。

（2）标准节套架、平台等无开焊、变形和裂纹。

（3）套架滚轮转动灵活，与塔身的间隙合适。

（4）液压系统压力达到要求，油路畅通、无泄漏。

图 5-19　限位器

十六、起重量限制器

图 5-19 中存在问题：

①处限位器电缆线破损严重，存在安全隐患。

正确做法：

灵敏可靠，其综合误差不大于额定值的 ±5%。

十七、起升高度限位器

图 5-20 中存在问题：

①处起升高度限位器失效。

②处钢丝绳缺少防跳绳装置。

正确做法：

（1）动臂变幅的塔机，当吊钩装置顶部升至起重臂下端的最小距离为 800mm 处时，应能立即停止起升运动。

（2）对没有变幅重物平移功能的动臂变幅的塔机，还应同时切断向外变幅控制回路电源，但应有下降和向内变幅运动。

（3）钢丝绳排列整齐，润滑良好，无断股现象，防脱槽装置完好。

（a）起高限位器

（b）防跳绳钢槽

图 5-20 起升高度限位器示例

图 5-21　力矩开关

十八、起重力矩限制器

图 5-21 中存在问题：

①处力矩开关损坏。

②处无外盖防护。

正确做法：

（1）灵敏可靠，其综合误差不大于额定值的 ±5%。

（2）微动开关无锈蚀，手动按下反弹灵活。

（3）防护罩完好。

（a）限位器

（b）钢丝绳

图 5-22 变幅限位器示例

十九、变幅限位器

图 5-22 中存在问题：

①处限位器失效。

②处钢丝绳已挤压散股，按要求应报废。

正确做法：

（1）灵敏可靠，变幅限位器开关动作后应保证小车停车时其端部距缓冲装置最小距离为 200mm。

（2）钢丝绳排列整齐，无断股现象，断绳保护装置完好。

图 5-23　开关箱

二十、电气系统

图 5-23 中存在问题：

①处 PE 线缺失。

②处无接地线。

③处违规接线。

正确做法：

（1）塔式起重机应有良好的照明，配备专用的照明线路、开关箱，照明供电不应受停机的影响。

（2）塔机的金属结构、轨道，所有电气设备的金属外壳、金属线管，安全照明的变压器低压侧等均应可靠接地，接地电阻不应大于 4Ω，重复接地电阻不应大于 10Ω。

（3）零线和接地线必须分开，塔机结构不得作为工作零线使用。

图 5-24 配电箱及电缆

图 5-24 中存在问题：

①处二级配电箱门内无原理图和操作指示，无接地，无防护棚，无安全警示等相关标识。

②处一闸多机。

③处主电缆打结、混乱堆放。

正确做法：

（1）塔式起重机配电箱配备二级配电箱，专箱专用，且一机一闸，有明显标识。配电箱应有门锁，门内应有原理图或布线图、操作指示等，配电箱门应有跨接地线，配电箱应有安全防护棚，并有安全警示标志。

（2）塔式起重机专用电缆从箱下进出，箱体接零接地保护。专用电缆应妥善保护，严禁过长电缆盘起挂在塔式起重机上。

（3）塔式起重机配电箱应安装在离塔式起重机 5m 以内，高 1.5m，便于操作的位置。

二十一、与建筑物附着锚固

图 5-25 中存在问题：

①处附着杆与附着支座相连接的销轴开口销断裂，埋下隐患。

②处附着框架非原厂且连接处有间隙。

③处附着支座穿墙螺栓松动且未安装垫片。

正确做法：

（1）附着杆件与附着支座（锚固点）应采取销轴铰接。

（2）安装附着框架和附着杆件时，应用经纬仪测量塔身垂直度，并应利用附着杆件进行调整，在最高锚固点以下垂直度允许偏差为 2/1000。

（3）安装附着框架和附着支座时，各道附着装置所在平面与水平面的夹角不得超过 10°。附着框架宜设置在塔身标准节连接处，并应箍紧塔身。

（4）塔身顶升到规定附着间距时，应及时增设附着装置。塔身高出附着装置的自由端高度，应符合使用说明书的规定。

（5）塔式起重机作业过程中，应经常检查附着装置，发现松动或异常情况时，应立即停止作业，故障未排除，不得继续作业。

（6）拆卸塔式起重机时，应随着降落塔身的进程拆卸相应的附着装置。严禁在落塔之前先拆附着装置。附着装置的安装、拆卸、检查和调整应有专人负责。

（a）开口销　　　　　　　　　　（b）附着框架　　　　　　（c）螺栓

图 5-25　建筑物附着锚固

图 5-26　风速仪

二十二、风速仪

图 5-26 中存在问题：

①处风速仪损坏。

正确做法：

起重臂架根部铰点高度大于 50m 的塔式起重机，应安装风速仪。当风速大于工作极限风速时，应能发出停止作业的警报。风速仪应安装在塔机顶部不挡风处。

图 5-27　起重臂端部障碍指示灯

二十三、障碍指示灯

图 5-27 存在问题：

①处起重臂端部障碍指示灯缺失。

②处结构支杆弯曲变形严重。

正确做法：

（1）塔顶高于 30m 的塔式起重机应在塔顶和两臂端安装红色障碍指示灯，并保证指示灯的供电不受停机影响。

（2）金属结构件主要结构无可见裂纹和明显变形。附着设备设置位置和附着距离符合方案规定，结构形式正确，附墙与建筑物连接牢固。附着杆无明显变形，焊接无裂纹。

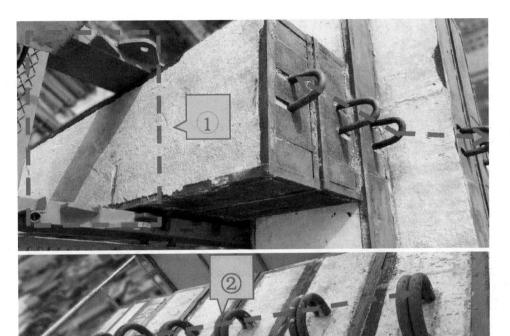

图 5-28　配重块示例

二十四、配重块

图 5-28 中存在问题：

①处平衡臂减配重，空洞没有防护且配重块没有整体连接。

②处配重块之间未做整体连接。

正确做法：

（1）配重块固定牢固无缝隙，横向纵向连接固定可靠且完全受力。

（2）压重、配重的重量与位置符合说明书要求，配重完整，安装顺序正确。

（3）塔机应保证在工作或非工作状态时，平衡重及压重在其规定位置上不位移、不脱落，平衡重块之间不得互相撞击。

图 5-29 塔式起重机反攀爬装置

二十五、反攀爬装置

图 5-29 中存在问题：

①处未在相应塔节部位设置反攀爬装置。

正确做法：

（1）塔式起重机应安装反攀爬装置，具体安装位置由项目安全负责人和项目专职安全员现场确定（大概在塔式起重机第四个塔节部位处，正负零顶板部位以上）。

（2）塔式起重机反攀爬装置四周应悬挂"塔式起重机反攀爬装置""严禁攀爬"等字样。

第二节　施工升降机

一、基本规定

1. 施工升降机安装单位应具备建设行政主管部门颁发的起重设备安装工程专业承包资质和建筑施工企业安全生产许可证。

2. 施工升降机安装、拆卸项目应配备与承担项目相适应的专业安装作业人员以及专业安装技术人员。施工升降机的安装拆卸工、电工、司机等应具有建筑施工特种作业操作资格证书。

3. 施工升降机应具有特种设备制造许可证、产品合格证、使用说明书、起重机械制造监督检验证书，并已在产权单位工商注册所在地县级以上建设行政主管部门备案登记。

4. 施工升降机安装作业前，安装单位应编制施工升降机安装、拆卸工程专项施工方案，由安装单位技术负责人批准后，报送施工总承包单位或使门单位、监理单位审核，并告知工程所在地县级以上建设行政主管部门。

5. 施工升降机的类型、型号和数量应能满足施工现场货物尺寸、运载重量、运载频率和使用高度等方面的要求。

6. 施工升降机必须安装防坠安全器。防坠安全器应在一年有效标定期内使用。

7. 施工升降机附墙架附着点处的建筑结构承载力、附墙架形式、附着高度、垂直间距、附着点水平距离、附墙架与水平面之间的夹角、导轨架自由端高度和导轨架与主体结构间水平距离等均应符合使用说明书的要求。

8. 施工升降机金属结构和电气设备金属外壳均应接地，接地电阻不应大于 4Ω。

9. 有下列情况之一的施工升降机不得安装使用：

（1）属国家明令淘汰或禁止使用的；

（2）超过由安全技术标准或制造厂家规定使用年限的；

（3）经检验达不到安全技术标准规定的；

（4）无完整安全技术档案的；

（5）无齐全有效的安全保护装置的。

10. 监理单位对施工升降机的管理应包括下列内容：

（1）审核施工升降机特种设备制造许可证、产品合格证、起重机械制造监督检验证书、备案证明等文件；

（2）审核施工升降机安装单位的资质证书、安全生产许可证和特种作业人员的特种作业操作资格证书；

（a）基础排水设施

（b）基坑周边

图 5-30　基础及周边示例

（3）审核施工升降机安装、拆卸工程专项施工方案；

（4）监督安装单位对施工升降机安装、拆卸工程专项施工方案的执行情况；

（5）监督检查施工升降机的检测检验、使用、保养、维修等使用情况；

（6）发现存在生产安全事故隐患的，应要求安装单位、使用单位限期整改；对安装单位、使用单位拒不整改的，应及时向建设单位报告；

（7）设置在地下室顶板上时，必须有加固设计方案，方案要经项目技术负责人批准及总监理工程师签字确认。

二、基础

图 5-30 存在问题：

①处基础无排水设施，造成严重积水。

②处基础周边堆放大量材料杂物。

正确做法：

（1）基础周围应有排水设施。

（2）在施工升降机基础周边水平距离 5m 以内，不得开挖井沟，不得堆放易燃易爆物品及其他杂物。

（a）防护棚及安全警示标志

（b）基础弹簧

图 5-31 防护棚、安全警示标志及基础弹簧

图 5-31 中存在问题：

①处无安全警示标志且未按要求搭设安全防护棚。

②处基础弹簧性能减弱，以轮胎附加代替。

正确做法：

（1）应在施工升降机作业范围内设置明显的安全警示标志，应在集中作业区做好安全防护。

（2）基础底架应能承受施工升降机作用在其上的所有载荷，并能有效地将载荷传递到其支承件基础表面，不应通过弹簧或充气轮胎等弹性体来传递载荷。

图 5-32　吊笼外侧与架空线路的最小距离

三、与架空线路的最小安全距离

图 5-32 中存在问题：

①处施工升降机最外侧边缘与外面架空输电线路边线之间的安全距离超出相关规定要求。

正确做法：

施工升降机最外侧边缘与外面架空输电线路的边线之间，应保持安全操作距离，最小安全操作距离应符合表 5-3 的规定。

与架空线路的最小安全距离　　　　　　　表 5-3

外电线电路电压（kV）	<1	1~10	35~110	220	330~500
最小安全操作距离（m）	4	6	8	10	15

图 5-33 地面防护围栏

四、防护围栏与防护棚

图 5-33 中存在问题：

①处未按规定要求设置地面防护围栏。

正确做法：

施工升降机应设置高度不低于 1.8m 的地面防护围栏，地面防护围栏应围成一周。围栏登机门的开启高度不应低于 1.8m；围栏登机门应具有机械锁紧装置和电气安全开关，使吊笼只有位于底部规定位置时，围栏登机门才能开启，而在该门开启后吊笼不能启动。围栏门的电气安全开关可不装在围栏上。

（a）外防护门

（b）施工通道及防护棚

图 5-34 防护围栏与防护棚

图 5-34 中存在问题：

①处外防护门机电连锁装置灵敏度降低。

②处施工通道未按规定要求搭设防护棚。

正确做法：

（1）当附件或操作箱位于施工升降机防护围栏内时，应另设置隔离区域，并安装锁紧门。

（2）当建筑物超过 2 层时，施工升降机地面通道上方（电梯 2.5m 范围内）应搭设防护棚；当建筑物高度超过 24m 时，应设置双层防护棚。出入通道、防护棚应设在进料口上方，宽度大于吊笼宽度，防护棚搭设长度应满足高处作业规范物体坠落半径要求。

（a）防护棚

（b）验收标识牌

（c）风险等级标识牌

图5-35 防护棚悬挂标识牌示例

五、防护棚悬挂标识牌

图5-35中存在问题：

①处防护棚显著位置未悬挂风险告知牌。

②处验收标识牌内容处空白；责任人员及风险等级标识牌损坏，未及时换新。

正确做法：

（1）防护棚显著位置应悬挂安全风险告知牌。

（2）防护棚显著位置应悬挂风险公示牌，验收合格后，悬挂验收标识牌、风险等级、责任人员、使用登记证。

图 5-36 防护棚及标识牌

图 5-36 中存在问题：

①处防护棚显著位置未悬挂施工安全要点公示牌。

②处防护棚显著位置未悬挂安全警示牌。

正确做法：

（1）防护棚显著位置应悬挂施工安全要点公示牌。

（2）防护棚显著位置应悬挂安全警示牌（或安全公示牌）。

（a）连接头

（b）标准节立柱

（c）齿条

（d）腹杆

图 5-37 标准节、连接头等示例

六、标准节、导轨、连接螺栓

图 5-37 中存在问题：

①处标准节连接头松动，产生间隙。

②处标准节立柱结合面错位。

③处齿条之间未安装定位销，影响运行平稳性。

④处标准节斜腹杆变形。

正确做法：

（1）各标准节、导轨之间应有保持对正的连接接头。连接接头应牢固、可靠。

（2）拼接时，相邻标准节的立柱结合面对接应平直。

（3）标准节上的齿条连接应牢固。

（4）标准节等主要结构件应无明显塑性变形、裂纹和严重锈蚀，焊缝应无明显可见的焊接缺陷。

（a）导向轮

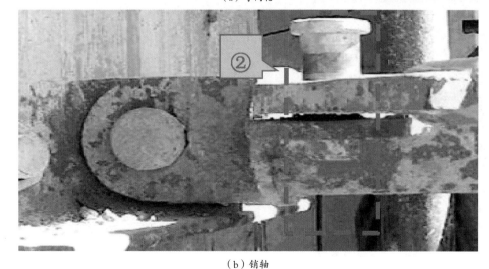

（b）销轴

图 5-38 导向轮及销轴

图 5-38 中存在问题：

①处导向轮沿导轨未及时进行润滑保养，锈蚀明显。

②处结构连接处销轴未穿开口销。

正确做法：

（1）导向轮无严重磨损，联结螺检无松动，与轨道接触面的间隙润滑。

（2）结构件各连接螺栓应齐全、紧固，应有防松措施，螺栓应高出螺母顶平面，销轴连接应有可靠轴向止动装置。

图5-39　停层门示例

七、停层门与吊笼门

图5-39中存在问题：

①处未按规定要求设置层门防护。

②处层门未及时关闭。

③处停层门设置规格不符合规范要求。

正确做法：

（1）停层门应为型钢做框架，封上钢丝网，每层停层门安装位置一致，封闭式层门应设有视窗。

（2）层门门栓宜设置在靠施工升降机一侧，且层门应处于常闭状态。未经施工升降机司机许可，不得启闭层门。

（3）停层门打开后的净高度不低于2m；层门的净宽度与吊笼进出口宽度之差不得大于120mm。

（a）层门侧防护　　　　　　　　（b）吊笼门与层门间水平距离

（c）吊笼门　　　　　　　　　　（d）楼层呼叫器

图 5-40　吊笼门与层门示例

图 5-40 中存在问题：

①处层门两侧防护栏设置不符合规范要求。

②处吊笼门与层门之间水平距离不符合安全使用要求。

③处吊笼门未按要求及时关闭上锁。

④处楼层呼叫通信装置被损坏，未及时换新。

正确做法：

（1）高度降低的层门两侧应设置高度不小于 1.1m 的护栏，护栏的中间高度应设横杆，踢脚板高度不小于 100mm。侧面护栏与吊笼的间距应为 100~200mm。所有停层护栏刷色泽一致的醒目漆。

（2）正常工况下，关闭的吊笼门与层门间的水平距离不应大于 200mm。

（3）作业结束后应将施工升降机在最底层停放，将各控制开关拨到零位，切断电源，锁好开关箱、吊笼门和地面防护围栏门。

（4）施工升降机应设置层楼联络装置。

（a）停层平台脚手板

（b）附墙件与承载构件

图 5-41　停层平台示例

八、停层平台设置

图 5-41 中存在问题：

①处停层平台脚手板缺失，埋下隐患。

②处楼层登机平台的承载构件与附墙件干涉。

③处楼层门未悬挂层数牌。

正确做法：

（1）停层平台两侧应设置防护栏杆、挡脚板，平台脚手板应铺满、铺平。

（2）层站应为独立受力体系，不得搭设在施工升降机附墙架的立杆上。

（3）楼层门应悬挂层数牌。

（a）吊笼

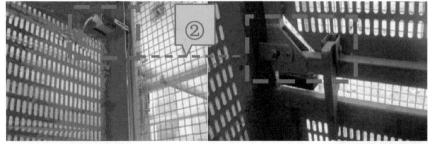

（b）电气连锁开关　　　　　（c）机械锁钩

（d）急停开关按钮

图5-42　吊笼载重与吊笼门

九、吊笼载重与吊笼门设置

图5-42中存在问题：

①处吊笼内未张贴司机操作证、无"严禁超载"安全警示标识。

②处电气连锁开关松动、机械锁钩有着不同程度的磨损。

③处急停开关按钮破损松动。

正确做法：

（1）吊笼内应有额度载重量、司机操作证、司机操作手册，可载人数为额定载重量除以80kg，舍尾取整，显著位置设置"严禁超载"标识牌。

（2）当吊笼装载额定载荷时，制动器应制动可靠，无明显下滑，有超载控制措施。

（3）吊笼门应装有机械锁止装置和电气安全开关，只有当门完全关闭后，吊笼才能启动。

（4）操作台非自行复位型急停开关，应可靠、符合要求。

（5）吊笼与外笼之间应装有电动联锁装置，灵敏可靠。

（6）吊笼底板应能防滑、排水。

图5-43 灭火器

十、人货两用吊笼

图 5-43 中存在问题：

①处灭火器失效。

正确做法：

人货两用施工升降机吊笼应设置司机操作室，操作室内应放置灭火器。

图 5-44 中存在问题：

①处限位开关出现触点接触不良。

②处防坠器超出有效使用期，未及时进行检验。

正确做法：

（1）人货两用施工升降机吊笼内应安装防坠安全器、限位开关，且应灵敏可靠。

（2）防坠安全器应在有效的标定期内使用（1年），安全开关应灵敏可靠。

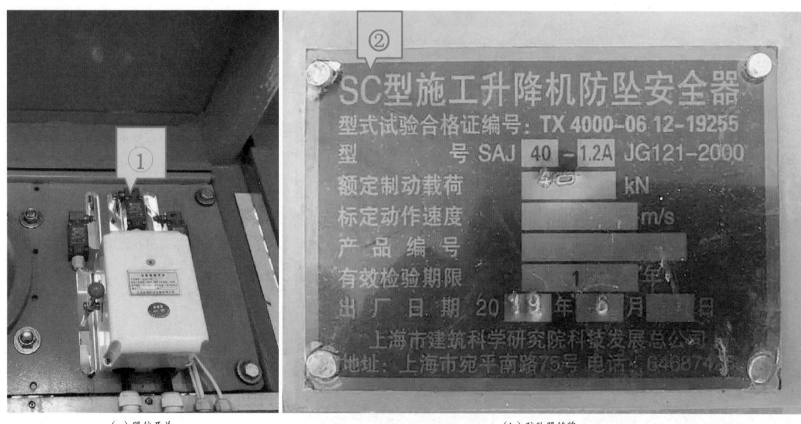

（a）限位开关　　　　　　　　　　　　　　　　（b）防坠器铭牌

图 5-44　限位开关与防坠器铭牌

图 5-45　吊笼顶板护栏

十一、吊笼顶设置要求

图 5-45 中存在问题：

①处吊笼顶板护栏中间高度横杆缺失。

正确做法：

（1）如果吊笼顶作为安装、拆卸、维修的平台或设有天窗，则顶板应抗滑且周围应设护栏。该护栏的高度不小于 1.1m，护栏的中间高度应设横杆，踢脚板高度不小于 100mm。护栏与顶板边缘的距离不应大于 100mm。

（2）货用施工升降机的吊笼也应设置顶棚，侧面围护高度不应小于 1.5m。

图 5-46　限位开关

图 5-46 中存在问题：

①处吊笼顶部翻板门限位开关用铁丝捆绑，失效。

正确做法：

封闭式吊笼顶部应有紧急出口，并配有专用扶梯，出口应装有向外开启的活板门，并设有电气安全开关，当门打开时，吊笼不能启动。

（a）传动齿轮　　　　　　　　　　（b）背轮

图 5-47　传动齿轮与背轮

十二、吊笼导向轮

图 5-47 中存在问题：

①处安全器输入端齿轮与齿条啮合间隙调节过大，产生异响易造成过度磨损，埋下隐患。

②处背轮缺少润滑。

正确做法：

（1）传动齿轮和安全器输出端齿轮与齿条啮合时应符合要求，应均匀，无异响，无过度磨损。

（2）导向轮、背轮应安装牢靠，润滑良好，导向灵活，吊笼运行时应无明显倾侧现象，并应贴紧齿条。

（a）对重块

（b）防松绳开关

图5-48 对重块及防松绳开关

十三、对重及其导轨

图5-48中存在问题：

①处对重块未按规定涂刷警告色。

②处对重防松绳开关失效。

正确做法：

（1）对重应根据有关规定的要求涂成警告色。

（2）为了防止对重从导轨上脱出，除了对重导轮或滑靴外，还应设有防脱轨保护装置。

（3）吊笼不允许当作对重使用。

图 5-49　钢丝绳

十四、钢丝绳

图 5-49 中存在问题：

①处钢丝绳挤压变形、断裂严重。

正确做法：

（1）钢丝绳式人货两用施工升降机，提升吊笼的钢丝绳不得少于 2 根，且相互独立。每根钢丝绳的安全系数不应小于 12，直径不应小于 9mm。

（2）钢丝绳出现波浪形时，在钢丝绳长度不超过 25d 范围内，若波形幅度值达到 4d/3 或以上，则钢丝绳应报废。

（3）钢丝绳笼状畸变、绳股挤出或钢丝绳挤出变形严重的钢丝绳应报废。

（4）钢丝绳出现严重的扭结、压扁和弯折现象应报废。

（5）钢丝绳绳径局部严重增大或减小应报废。

图 5-50 钢丝绳防脱装置

十五、滑轮

图 5-50 中存在问题：

①处钢丝绳防脱装置部位损坏变形。

正确做法：

（1）所有滑轮、滑轮组均应有钢丝绳防脱装置。

（2）绳槽应为弧形，槽底半径 R 与钢丝绳半径 r 关系应为：$1.05r \leq R \leq 1.075r$，深度不少于 1.5 倍的钢丝绳直径。

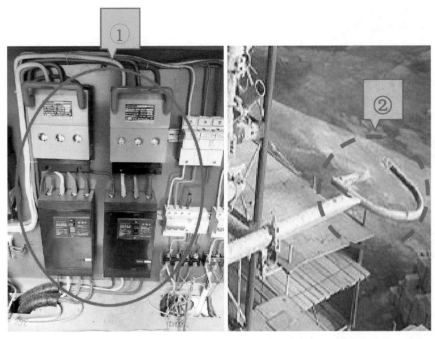

（a）开关箱　　　　　　　（b）电缆导架

图 5-51　开关箱及电缆导架

十六、电气系统

图 5-51 中存在问题：

①处未设置专用开关箱。

②处电缆导架损坏。

正确做法：

（1）施工升降机应设有专用开关箱。

（2）电路电源中应装有保险丝或断路器。在施工升降机工作中应防止电缆和电线机械损坏，电缆在吊笼运行中应自由拖行不受阻碍。

（a）上下限开关

（b）过载热继电器

（c）急停开关按钮

（d）电缆

图 5-52　开关、电缆等示例

图 5-52 中存在问题：

①处上下限开关安装不牢固。

②处过载热继电器红线端脱落。

③处急停开关按钮损坏。

④处电缆线脱皮露芯。

正确做法：

（1）电气设备应防止外界如雨、雪、泥浆、灰尘等造成的危害。在需要排水的地方应设有排水孔。

（2）控制吊笼上、下运行的接触器应电气联锁。

（3）电路应设有相序和断相保护器及过载保护器。

（4）操作控制台应安装非自行复位的急停开关；在操作位置上应标明控制元件的用途和动作方向。

（5）施工升降机不得使用脱皮、裸露的电线和电缆。

（a）电箱接地

（b）施工升降机接地

（c）漏电保护器

图 5-53　零线与接地

十七、零线与接地

图 5-53 中存在问题：

①处无接地保护。

②处施工升降机接地体采用螺纹钢，接地电阻大于 4Ω。

③处漏电保护器失灵，且箱内无标识。

正确做法：

（1）零线和接地线必须分开。接地线严禁作载流回路。

（2）施工升降机金属结构和电气设备的金属外壳均应接地，接地电阻不超过 4Ω。

（3）当接地出现故障时，主控制电路和其他控制电路中断路器应自动切断。

图 5-54　吊笼内报警装置

十八、报警装置

图 5-54 中存在问题：

①处吊笼内无报警装置。

正确做法：

为便于吊笼内的乘客寻求外部救助，应在吊笼内明显位置装设易于接近的报警装置。

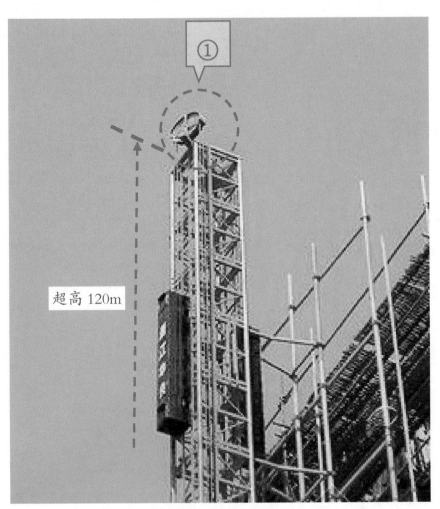

图 5-55 红色障碍控制灯

十九、障碍控制灯

图 5-55 中存在问题：

①处未安装红色障碍控制灯。

正确做法：

当施工升降机安装高度大于 120m，并超过建筑物高度时，应安装红色障碍控制灯。

第六章

施工现场临时用电

第一节

基本规定

1. 施工现场临时用电设备在 5 台及以上或设备总容量在 50kW 及以上者，应编制用电组织设计。

2. 施工现场临时用电设备在 5 台以下和设备总容量在 50kW 以下者，应制定安全用电和电气防火措施。

3. 电工必须经过按国家现行标准考核合格后，持证上岗工作；其他用电人员必须通过相关教育培训和技术交底，考核合格后方可上岗工作。

4. 安装、巡检、维修或拆除临时用电设备和线路，必须由电工完成，并应有人监护。电工等级应同工程的难易程度和技术复杂性相适应。

5. 各类用电人员应掌握安全用电基本知识和所用设备的性能，并应符合下列规定：

（1）使用电气设备前必须按规定穿戴和配备好相应的劳动防护用品，并应检查电气装置和保护设施，严禁设备带"缺陷"运转；

（2）保管和维护所用设备，发现问题及时报告解决；

（3）暂时停用设备的开关箱必须分断电源隔离开关，并应关门上锁；

（4）移动电气设备时，必须经电工切断电源并妥善处理后进行。

6. 施工现场临时用电必须建立安全技术档案。

7. 临时用电工程应定期检查。定期检查时，应复查接地电阻值和绝缘电阻值。

第二节 外电防护与设备防护

一、与外电架空线路安全操作距离

1. 在建工程不得在外电架空线路正下方施工、搭设作业棚、建造生活设施或堆放构件、架具、材料及其他杂物等。

2. 施工现场开挖沟槽边缘与外电埋地电缆沟槽边缘之间的距离不得小于 0.5m。

3. 在建工程（含脚手架）的周边与外电架空线路的边线之间的最小安全操作距离应符合表 6-1 规定：

与外电架空线路最小安全操作距离规定　　　表 6-1

外电线路电压等级（kV）	< 1	1~10	35~110	220	330~500
最小安全操作距离（m）	4.0	6.0	8.0	10	15

注：上、下脚手架的斜道不宜设在有外电线路的一侧。

二、架空线路最小垂直距离

施工现场的机动车道与外电架空线路交叉时，架空线路的最低点与路面的最小垂直距离应符合表 6-2 的规定：

架空线路最小垂直距离规定　　　表 6-2

外电线路电压等级（kV）	< 1	1~10	35
最小垂直距离（m）	6.0	7.0	7.0

三、起重机与外电架空线路安全距离

起重机严禁越过无防护设施的外电架空线路作业。在外电架空线路附近吊装时，起重机的任何部位或被吊物边缘在最大偏斜时与架空线路边线的最小安全距离应符合表 6-3 规定：

起重机与外电架空线路边线的最小安全距离规定　　　表 6-3

电压（kV）	< 1	10	35	110	220	330	500
沿垂直方向（m）	1.5	3.0	4.0	5.0	6.0	7.0	8.5
沿水平方向（m）	1.5	2.0	3.5	4.0	6.0	7.0	8.5

四、外电线路达不到安全要求的防护措施

1. 当外电线路达不到安全要求时，必须采取绝缘隔离防护措施，并应悬挂醒目的警告标志。架设防护设施时，必须经有关部门批准，采用线路暂时停电或其他可靠的安全技术措施，并应有电气工程技术人员和专职安全人员监护。防护设施与外电线路之间的安全距离不应小于表6-4所列数值。防护设施应坚固、稳定，且对外电线路的隔离防护应达到IP30级（IP30级：能防止直径2.5mm的固体异物穿过）。

防护设施与外电线路之间的最小安全距离规定　表6-4

外电线路电压等级（kV）	≤ 10	35	110	220	330	500
最小安全距离（m）	1.7	2.0	2.5	4.0	5.0	6.0

2. 当上述1中的防护措施无法实现时，必须与有关部门协商，采取停电、迁移外电线路或改变工程位置等措施，未采取上述措施的严禁施工。

五、电气设备防护

1. 电气设备现场周围不得存放易燃易爆物、污染和腐蚀介质，否则应予清除或做防护处置，其防护等级必须与环境条件相适应。

2. 电气设备设置场所应能避免物体打击和机械损伤，否则应做防护处置。

第三节　接地与防雷

一、基本规定

1. 在TN接零保护系统中，通过总漏电保护器的工作零线与保护零线之间不得再做电气连接。

2. 在TN接零保护系统中，PE零线应单独敷设。重复接地线必须与PE线相连接，严禁与N线相连接。

3. 城防、人防、隧道等潮湿或条件特别恶劣的施工现场的电气设备必须采用保护接零。

4. 保护零线必须采用绝缘导线。配电装置和电动机械相连接的PE线应为截面不小于2.5mm^{2}的绝缘多股铜线。手持式电动工具的PE线应为截面不小于1.5mm^{2}的绝缘多股铜线。

图 6-1　钢筋切断机

二、应保护接零的电气设备

图 6-1 中存在问题：

①处钢筋切断机保护零线未接。

正确做法：

正常情况下，保护零线应连接到下列电气设备不带电的外露导电部分：

（1）电机、变压器、电器、照明器具、手持电动工具的金属外壳；

（2）电气设备传动装置的金属部件；

（3）配电柜与控制柜的金属框架；

（4）室内外配电装置的金属箱体、框架及靠近带电部分的金属围栏和金属门；

（5）电力线路的金属保护管、敷线的钢索、起重机底座和轨道、滑升模板金属操作平台等；

（6）安装在电力线路杆（塔）上的开关、电容器等电气装置的金属外壳及支架。

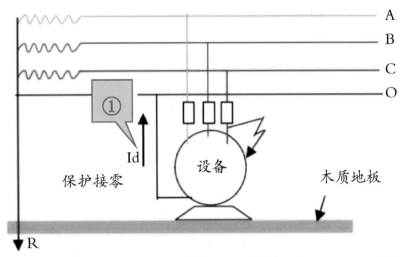

图6-2 交流电压380V的电气设备

三、可以不做保护接零的电气设备

图 6-2 中存在问题:

①处可不做保护接零。

正确做法:

在 TN 系统中,下列电气设备不带电的外露可导电部分,可不做保护接零:在木质、沥青等不良导电地坪的干燥房间内,交流电压 380V 及以下的电气装置金属外壳(当维修人员可能同时触及电气设备金属外壳和接地金属物件时除外);安装在配电柜、控制柜金属框架和配电箱的金属箱体上,且与其可靠电气连接的电气测量仪表、电流互感器、电器的金属外壳。

图 6-3　垂直接地体

四、接地与接地电阻

图 6-3 中存在问题：

①处使用螺纹钢代替垂直接地体。

正确做法：

每一接地装置的接地线应采用 2 根及以上导体，在不同点与接地体做电气连接。不得采用铝导体做接地体或地下接地线。垂直接地体宜采用角钢、钢管或光面圆钢，不得采用螺纹钢。接地可利用自然接地体，但应保证其电气连接和热稳定。

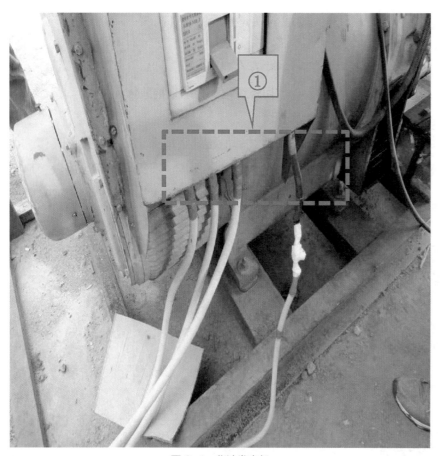

图6-4 柴油发电机

五、移动式发电机接地与接地电阻

图6-4中存在问题：

①处柴油发电机接线错误。

正确做法：

移动式发电机供电的用电设备，其金属外壳或底座应与发电机电源的接地装置有可靠的电气连接。柴油发电机正确接线图如图6-5所示。

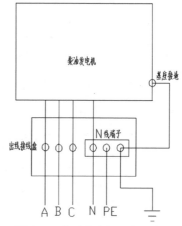

图6-5 柴油发电机正确接线图

图 6-6 塔式起重机防雷接地

六、施工现场机械设备及高架设施防雷

图 6-6 中存在问题：

①处塔式起重机防雷接地因施工损坏，未及时修复。

正确做法：

施工现场内的起重机、井字架、龙门架等机械设备，以及钢脚手架和正在施工的在建工程等的金属结构，当在相邻建筑物、构筑物等设施的防雷装置接闪器的保护范围以外时，应按表 6-5 的规定安装防雷装置。

施工现场内机械设备及高架设施需
安装防雷装置的规定　表 6-5

地区年平均雷暴日 /d	机械设备高度 /m
≤ 15	≥ 50
>15,<40	≥ 32
≥ 40,<90	≥ 20
≥ 90 及雷害特别严重地区	≥ 12

当最高机械设备上避雷针（接闪器）的保护范围能覆盖其他设备，且又最后退出于现场，则其他设备可不设防雷装置。

图6-7 机械电气设备

七、防雷引下线与避雷针

图6-7中存在问题：

①处电机PE线未接入，机械无重复接地。

正确做法：

做防雷接地机械上的电气设备，所连接的PE线必须同时做重复接地，同一台机械电气设备的重复接地和机械的防雷接地可共用同一接地体，但接地电阻应符合重复接地电阻值的要求。

第四节　总配电室及自备电源

图 6-8　配电室

一、总配电室布置

图 6-8 中存在问题：

①处配电室存有杂物。

②处配电室内未配置砂箱和可用于扑灭电气火灾的灭火器。

正确做法：

配电室的建筑物和构筑物的耐火等级不低于 3 级，室内配置砂箱和可用于扑灭电气火灾的灭火器。配电室应保持整洁，不得堆放任何妨碍操作、维修的杂物。

图 6-9 配电柜

二、配电柜布置

图 6-9 中存在问题：

①处配电柜无编号，无用途标记，无验收标示牌。

正确做法：

配电柜应编号，并应有用途标记；配电柜应有名称、用途、分路标记及系统图；配电柜应配锁，并由专人负责；应有验收标示牌。

图 6-10　发电机房

三、自备发电机组

图 6-10 中存在问题：

①处发电机房内存放贮油桶。

正确做法：

发电机组的排烟管道必须伸出室外。发电机组及其控制、配电室内必须配置可用于扑灭电气火灾的灭火器。发电机组周围不得有明火，不得存放易燃、易爆物。发电场所应设置可在带电场所使用的消防设施，并应标识清晰、醒目，便于取用。

第五节 配电线路

图 6-11 架空电缆

一、架空线路电杆规定

图 6-11 中存在问题：

①处使用钢管做架空立柱，且未用绝缘子固定。

正确做法：

（1）架空线必须架设在专用电杆上，严禁架设在树、脚手架及其他设施上。

（2）架空线路的档距不得大于 35m。

（3）架空线路宜采用钢筋混凝土杆或木杆。钢筋混凝土杆不得有露筋、宽度大于 0.4mm 的裂纹和扭曲；木杆不得腐朽，其梢径不应小于 140mm。

（4）电杆埋设深度宜为杆长的 1/10 加 0.6m，回填土应分层夯实。在松软土质处宜加大埋入深度或采用卡盘等加固。

图 6-12 架空线路

二、架空线路规定

图 6-12 中存在问题:

①处架空线路线间距小于 0.3m,靠近电杆的两导线的间距小于 0.5m。

②处线路颜色、架设顺序不符合规范要求。

正确做法:

(1)架空线路的线间距不得小于 0.3m,靠近电杆的两导线的间距不得小于 0.5m。

(2)动力、照明线在同一横担上架设时,导线相序排位是:L1、N、L2、L3、PE。动力照明线分两层架设时,导线相序排列是:上层面向负荷从左起依次为 L1、L2、L3,下层面向负荷从左起依次为 L1(L2、L3)、N、PE。

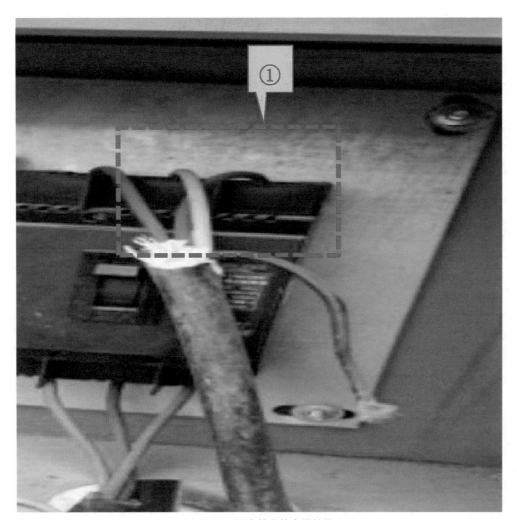

图 6-13　配电箱内的电缆接线

三、电缆线路

图 6-13 中存在问题：

①处电缆芯线花色不符合规范要求。

正确做法：

电缆中应包含全部工作芯线、中性导体（N）及保护接地导体（PE）或保护中性导体（PEN）；保护接地导体（PE）及保护中性导体（PEN）外绝缘层应为黄绿双色；中性导体（N）外绝缘层应为淡蓝色；不同功能导体外绝缘色不应混用。

四、电缆线路埋地规定

图 6-14 中存在问题：

①处临时电缆线随地拖拉布线。

正确做法：

（1）沿墙面或地面敷设电缆线路应符合下列规定：

1）电缆线路宜敷设在人不易触及的地方；

2）电缆线路敷设路径应有醒目的警告标识；

3）沿地面明敷的电缆线路应沿建筑物墙体根部敷设，穿越道路或其他易受机械损伤的区域，应采取防机械损伤的措施，周围环境应保持干燥。

（2）在电缆敷设路径附近，当有明火的作业产生时，应采取防止火花损伤电缆的措施。

图 6-14　临时电缆线

五、架空电缆线路

图 6-15 中存在问题：

①处架空电缆采用金属裸线绑扎。

正确做法：

架空电缆应沿电杆、支架或墙壁敷设，并采用绝缘子固定，绑扎线必须采用绝缘线，固定点间距应保证电缆能承受自重所带来的荷载，敷设高度应符合相关规范中架空线路敷设高度的要求，但沿墙壁敷设时最大弧垂距地不得小于 2.0m；架空电缆严禁沿脚手架、树木或其他设施敷设。

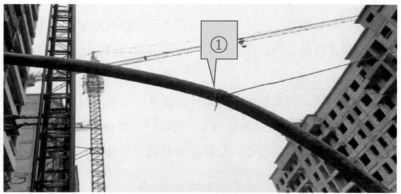

图 6-15　架空电缆

第六节 配电箱及开关箱

一、基本规定

1. 总配电箱应装设电压表、总电流表、电度表及其他需要的仪表。专用电能计量仪表的装设应符合当地供用电管理部门的要求。

装设电流互感器时，其二次回路必须与保护零线有一个连接点，且严禁断开电路。

2. 开关箱必须装设隔离开关、断路器或熔断器，以及漏电保护器，当漏电保护器是同时具有短路、过载、漏电保护功能的漏电断路器时，可不装设断路器或熔断器。隔离开关应采用分断时具有可见分断点，能同时断开电源所有极的隔离电器，并应设置于电源进线端。当断路器是具有可见分断点时，可不另设隔离开关。

3. 配电箱、开关箱的金属箱体、金属电器安装板以及电器正常不带电的金属底座、外壳等必须通过 PE 线端子板与 PE 线做电气连接，金属箱门与金属箱体必须通过采用编织软铜线做电气连接。

4. 配电箱、开关箱外形结构应能防雨、防尘。

二、装设位置及制作材料

图 6-16 中存在问题：

①处配电箱的安放处有积水。

正确做法：

配电箱、开关箱应装设在干燥、通风及常温场所，不得装设在有严重损伤作用的瓦斯、烟气、潮气及其他有害介质中，

图 6-16 配电箱及配电柜

图 6-17 配电箱

图 6-18 钢筋加工区配电箱

亦不得装设在易受外来固体物撞击、强烈振动、液体浸溅及热源烘烤场所。否则，应予以清除或做防护处理。

图 6-17 中存在问题：

①处开关箱无支架、无门，直接放置在地面上。

正确做法：

配电箱、开关箱应装设端正、牢固。固定式配电箱、开关箱的中心点与地面的垂直距离应为 1.4~1.6m。移动式配电箱、开关箱应装设在坚固、稳定的支架上。其中心点与地面的垂直距离宜为 0.8~1.6m。

图 6-18 中存在问题：

①处配电箱四周堆放有废纸、衣服等杂物。

正确做法：

配电箱、开关箱周围应有足够 2 人同时工作的空间和通道，不得堆放任何妨碍操作、维修的物品，不得有灌木、杂草。

图 6-19 中存在问题：

①处自制木质配电箱。

②处接线不规范。

③处保护系统不规范。

正确做法：

（1）配电箱、开关箱应采用冷轧钢板或阻燃绝缘材料制作，钢板厚度应为 1.2~2.0mm，其中开关箱箱体钢板厚度不得小于 1.2mm，配电箱箱体钢板厚度不得小

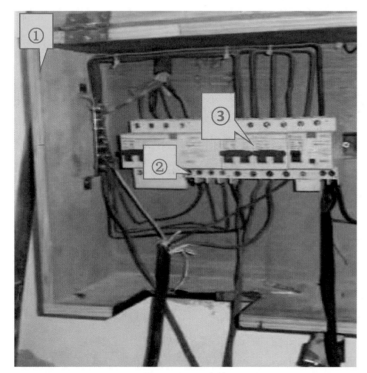

图 6-19　配电箱

于 1.5mm，箱体表面应做防腐处理；配电箱、开关箱内的电器（含插座）应先安装在金属或非木质阻燃绝缘电器安装板上，然后方可整体紧固在配电箱、开关箱箱体内。金属电器安装板与金属箱体应做电气连接。

（2）导线绝缘的颜色标志应符合相线 L1（A）、L2（B）、L3（C），相序的绝缘颜色依次为黄、绿、红色；N 线的绝缘颜色为淡蓝色；PE 线的绝缘颜色为绿和黄双色。任何情况下上述颜色标记严禁混用和互相代用。

（3）施工现场用电系统采用三级供电两级保护，且必须"一机一闸一漏保"。

三、箱内电器（含插座）设置

图6-20　配电箱（一）

图6-20中存在问题：

①处配电箱箱门无电气连接。

正确做法：

配电箱、开关箱的金属箱体、金属电器安装板以及电器正常不带电的金属底座、外壳等必须通过 PE 线端子板与 PE 线做电气连接，金属箱门与金属箱体必须通过采用编织软铜线做电气连接。

图6-21 配电箱（二）

四、进、出线设置

图 6-21 中存在问题：

①处进、出线未加绝缘护套卡在箱体上。

正确做法：

配电箱、开关箱中导线的进线口和出线口应设在箱体的下底面；配电箱、开关箱的进、出线口应配置固定线卡，进、出线应加绝缘护套并成束卡在箱体上，不得与箱体直接接触。移动式配电箱、开关箱的进、出线应采用橡胶护套绝缘电缆，不得有接头。

第七节　施工照明

一、基本规定

1.一般场所宜选用额定电压为 220V 的照明器。

2.使用行灯应符合下列要求：

（1）电源电压不大于 36V；

（2）灯体与手柄应坚固、绝缘良好并耐热耐潮湿；

（3）灯头与灯体结合牢固，灯头无开关；

（4）灯泡外部有金属保护网；

（5）金属网、反光罩、悬吊挂钩固定在灯具的绝缘部位上。

3.照明系统宜使三相负荷平衡，其中每一单相回路上，灯具和插座数量不宜超过 25 个，负荷电流不宜超过 15A。

4.携带式变压器的一次侧电源线应采用橡胶护套或塑料护套铜芯软电缆，中间不得有接头，长度不宜超过 3m，其中绿 / 黄双色线只可作 PE 线使用，电源插座应有保护触头。

二、路灯、LED 灯、节能灯及其他灯照明设置

照明灯具的金属外壳必须与 PE 线相连接，照明开关箱内必须装设隔离开关、短路与过载保护电器和漏电保护器。图 6-22 为 LED 投光灯、图 6-23 为手提节能灯具。

使用行灯应符合下列要求：

（1）电源电压不大于 36V；

（2）灯体与手柄应坚固、绝缘良好并耐热耐潮湿；

（3）灯头与灯体结合牢固，灯头无开关；

（4）灯泡外部有金属保护网；

（5）金属网、反光罩、悬吊挂钩固定在灯具的绝缘部位上。

图 6-22　LED 投光灯

图 6-23　手提节能灯具

第八节　木工操作间及仓库料堆场用电防火要求

一、基本规定

1. 电气设备的安装要符合要求。抛光、电锯等部位的电气设备应采用密封式或防爆式设备。刨花、锯末较多部位的电动机，应安装防尘罩并及时清理。工作完毕应拉闸断电，并经检查确无火险后方可离开。

2. 仓库或堆料场内电缆一般应埋入地下；若有困难需设置架空电力线时，架空电力线与露天易燃物堆垛的最小水平距离不应小于电杆高度的 1.5 倍。

3. 仓库或堆料场所使用的照明灯具与易燃堆垛间至少应保持1m的距离。

4. 安装的开关箱、接线盒，应距离堆垛外缘不小于 1.5m，不准乱拉临时电气线路。

5. 仓库或堆料场严禁使用碘钨灯，以防碘钨灯引起火灾。

6. 对仓库或堆料场内的电气设备，应经常进行检查维修和管理，形成检查记录，贮存大量易燃品的仓库应设置独立的避雷装置。

二、木工加工机械使用

图 6-24 中存在问题：

图6-24　木工加工机械

①处木工加工机械使用倒顺开关。

正确做法：

正反转控制装置中的控制电器应采用接触器、继电器等自动控制电器，不得采用手动双向转换开关作为控制电器，倒顺开关不能用于建筑工程施工机械的控制。倒顺开关也叫顺逆开关，它的作用是连通、断开电源或负载，可以使电机正转或反转，主要是给单相、三相电动机做正反转用的电气元件，但不能作为自动化元件。

第七章

临边与洞口作业

第一节　临边作业

一、基本规定

1. 临边作业应采取防护措施。防护设施宜定型化、工具式。

2. 无围护设施或围护设施高度低于1.2m的楼层周边、楼梯侧边、平台或者阳台边、屋面周边和沟、坑、槽等边沿应采取安全防护措施，并严禁随意拆除。

3. 所有防护栏杆用油漆刷上醒目的警示色（黑黄相间、白红相间）。

4. 当栏杆所处位置有发生人群拥挤、车辆冲击和物件碰撞等可能时，应加大横杆截面或加密立杆间距。

5. 临边作业外侧靠近街道时，除设防护栏杆、挡脚板、封挂安全立网外，立面还应采取硬封闭措施，防止施工中落物伤人。

6. 栏杆立杆和横杆的设置、固定及连接，应确保防护栏杆在上下横杆和立杆任何处，均能承受任何方向的最小1kN外力作用。

二、楼层临边

在坠落高度基准面上方2m及以上进行高空或高处作业时，应设置安全防护设施（图7-1）并采取防滑措施，高处作业人员应正确佩戴安全帽、安全带等劳动防护用品。

图7-1　楼层临边防护

三、楼梯梯段临边

在建工程的预留洞口、通道口、楼梯口、电梯井口等孔洞以及无围护设施或围护设施高度低于1.2m的楼层周边、楼梯侧边、平台或阳台边、屋面周边和沟、坑、槽等边沿应采取安全防护措施（图7-2），并严禁随意拆除。

图7-2　楼梯梯段临边防护

四、楼梯休息平台或阳台临边

在建工程的预留洞口、通道口、楼梯口、电梯井口等孔洞以及无围护设施或围护设施高度低于1.2m的楼层周边、楼梯侧边、平台或阳台边、屋面周边和沟、坑、槽等边沿应采取安全防护措施（图7-3），并严禁随意拆除。

图7-3　楼梯休息平台防护

五、屋面临边

在建工程的预留洞口、通道口、楼梯口、电梯井口等孔洞以及无围护设施或围护设施高度低于1.2m的楼层周边、楼梯侧边、平台或阳台边、屋面周边和沟、坑、槽等边沿应采取安全防护措施（图7-4），并严禁随意拆除。

六、基坑周边

在建工程的预留洞口、通道口、楼梯口、电梯井口等孔洞以及无围护设施或围护设施高度低于1.2m的楼层周边、楼梯侧边、平台或阳台边、屋面周边和沟、坑、槽等边沿应采取安全防护措施（图7-5），并严禁随意拆除。

图 7-4　屋面临边防护

图 7-5　基坑临边防护

第二节 洞口作业

一、基本规定

1. 在建工程的预留洞口、通道口、楼梯口、电梯井口等孔洞以及无围护设施或围护设施高度低于 1.2m 的楼层周边、楼梯侧边、平台或者阳台边、屋面周边和沟、坑、槽等边沿应采取安全防护措施，并严禁随意拆除。

2. 防护设施宜定型化、工具式，施工现场应积极推广采用定型化防护栏杆。

3. 施工现场竖向安全防护宜采用密目式安全立网，建筑物外立面竖向安全防护不应采用安全平网或安全立网。

4. 施工现场禁止使用阻燃性能不符合规定要求的密目式安全网。

图 7-6 安全通道（一）

二、通道口

1. 进出建筑物主体通道口应搭设防护棚。棚宽大于道口宽度，两端各长出 1m，进深尺寸应符合高处作业安全防护范围。

2. 场内（外）道路边线与建筑物（或外脚手架）边缘距离分别小于坠落半径的，应搭设安全通道（图 7-6、图 7-7）。

3. 安全防护棚应采用双层保护方式，当采用脚手板时，层间距 700mm，铺设方向应互相垂直。

4. 各类防护棚应有单独的支撑体系（图 7-8），固定可靠安全。严禁用毛竹搭设，且不得悬挑在外架上。

5. 非通道口应设置禁行标志，禁止出入。

6.建筑物高度超过24m时，通道口防护顶棚应采用双层防护。

7.安全通道防护棚顶层设置防护栏杆，高度1200mm，两道水平杆，栏杆刷间距为400mm红白相间的警示油漆，除安全通道口外建筑物四周满挂密目安全网封闭。

8.安全通道防护棚两侧应采取封闭措施。

9.安全通道防护棚进口处张挂安全警示标志牌和安全宣传标语（按双重预防体系要求）、风险等级牌、风险告知牌、验收标示牌。

图7-7 安全通道（二）

图7-8 施工升降机防护棚

三、电梯井口防护

1.电梯井口必须设防护栏杆或定型化、工具化的可开启式安全防护栅门（图7-9），涂刷黄黑相间警示色。安全防护栅门高度不得低于1.8m，并设置180mm高踢脚板，门离地高度不大于50mm，门宜上翻外开。同时悬挂安全警示标志、风险等级牌、风险告知牌、验收标示牌。

2.电梯井内每隔2层且不大于10m应设置一道安全平网防护（图7-10）。

3.电梯井在施工时，井筒内必须搭设脚手架至施工层，并铺满脚手板。

4.用于电梯井封闭防护的平网网体与井壁的空隙不得大于25mm，安全网拉结应牢固。细绳沿网边应均匀分布，间距不得大于750mm。

5.电梯井内的施工层上部，应设置隔离防护设施并应设置明显的安全警示标志，夜间还应设安全警示灯。

图7-9 电梯井口防护

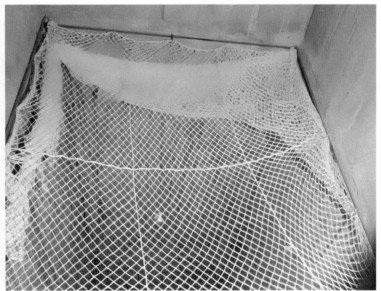

图7-10 电梯井内安全平网防护

四、上人口、天窗等洞口

图 7-11 中存在问题：

①处未采取安全防护措施。

正确做法：

在建工程的预留洞口、通道口、楼梯口、电梯井口等孔洞以及无围护设施或围护设施高度低于 1.2m 的楼层周边、楼梯侧边、平台或者阳台边、屋面周边和沟、坑、槽等边沿应采取安全防护措施，并严禁随意拆除。

图 7-11 上人口洞口

五、竖向洞口

在建工程的预留洞口、通道口、楼梯口、电梯井口等孔洞以及无围护设施或围护设施高度低于 1.2m 的楼层周边、楼梯侧边、平台或阳台边、屋面周边和沟、坑、槽等边沿应采取安全防护措施，并严禁随意拆除。

图 7-12 竖向洞口

六、预留洞口

图 7-13 中存在问题：

①处孔洞未封堵。

正确做法：

在建工程的预留洞口、通道口、楼梯口、电梯井口等孔洞以及无围护设施或围护设施高度低于 1.2m 的楼层周边、楼梯侧边、平台或者阳台边、屋面周边和沟、坑、槽等边沿应采取安全防护措施，并严禁随意拆除。

图 7-13　预留洞口

在建工程的预留洞口、通道口、楼梯口、电梯井口等孔洞以及无围护设施或围护设施高度低于 1.2m 的楼层周边、楼梯侧边、平台或阳台边、屋面周边和沟、坑、槽等边沿采取安全防护措施，并严禁随意拆除（图 7-14）。

图 7-14　预留洞口防护（一）

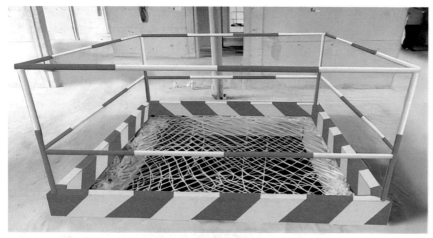

图 7-15 预留洞口防护（二）

在建工程的预留洞口、通道口、楼梯口、电梯井口等孔洞以及无围护设施或围护设施高度低于 1.2m 的楼层周边、楼梯侧边、平台或阳台边、屋面周边和沟、坑、槽等边沿应采取安全防护措施，并严禁随意拆除（图 7-15）。

七、行驶道边洞口盖板

位于车辆行驶道旁的洞口、深沟与管道坑、槽的盖板应能承受不小于当地额定卡车后轮有效承载力 2 倍的荷载，并有醒目的限载标志（图 7-16）。

图 7-16 行驶道边洞口盖板

八、楼梯口

在建工程的预留洞口、通道口、楼梯口、电梯井口等孔洞以及无围护设施或围护设施高度低于1.2m的楼层周边、楼梯侧边、平台或阳台边、屋面周边和沟、坑、槽等边沿应采取安全防护措施，并严禁随意拆除（图7-17）。

图7-17 楼梯口防护

第八章

攀登与悬空作业

第一节　攀登作业

一、基本规定

1. 攀登作业施工前，应对安全防护设施进行检查、验收，验收合格后方可进行作业，并应做验收记录。

2. 攀登作业施工前，应对作业人员进行安全技术交底，并应记录。应对初次作业人员进行培训。

3. 攀登作业施工前，应检查作业区域的安全标志、工具、仪表、电气设施和设备，确认其完好后，方可进行施工。

4. 攀登作业人员应根据作业的实际情况配备相应的高处作业安全防护用品，并应按规定正确佩戴和使用相应的安全防护用品、用具。

5. 在雨、霜、雾、雪等天气进行攀登作业时，应采取防滑、防冻和防雷措施，并应及时清除作业面上的水、冰、雪、霜。

6. 当遇有 6 级及以上强风、浓雾、沙尘暴等恶劣气候，不得进行露天攀登作业。雨雪天气后，应对高处作业安全设施进行检查，当发现有松动、变形、损坏或脱落等现象时，应立即修理完善，维修合格后方可使用。

7. 施工组织设计或施工技术方案中应明确施工中使用的登高和攀登设施，人员登高应借助建筑结构或脚手架的上下通道、梯子及其他攀登设施和用具。

8. 攀登作业所用设施和用具的结构构造应牢固可靠；作用在踏步上的荷载在踏板上的荷载不应大于 1.1kN，当梯面上有特殊作业，重量超过上述荷载时，应按实际情况验算。

9. 同一梯子上不得两人同时作业。上、下梯子时，必须面向梯子，且不得手持器物。

10. 在通道处使用梯子作业时，应有专人监护或设置围栏。

11. 脚手架操作层上严禁架设梯子作业。

12. 使用固定式直梯攀登作业时：

（1）攀登高度宜为 5m，且不超过 10m；

（2）当攀登高度超过 3m 时，宜加设护笼；

（3）当攀登高度超过 8m 时，应设置梯间平台。

二、钢屋架安装

图 8-1 钢屋架安装作业

图 8-1 中存在问题：

①处屋架杆件安装时搭设的操作平台，作业人员未拴挂安全带的安全绳。

②处楼层钢梁吊装就位后未挂设安全平网。

正确做法：

（1）钢结构安装时，坠落高度超过 2m 时，应设置操作平台。

（2）当安装屋架时，应在屋脊处设置上下的扶梯。扶梯踏步间距不应大于 400mm。屋架杆件安装时搭设的操作平台，应设置防护栏杆或使用作业人员拴挂安全带的安全绳。

（3）作业人员应从规定的通道上下，不得在阳台之间等非规定通道进行攀登，也不得任意利用吊车臂架等施工设备进行攀登。

（4）安全带应高挂低用。

（5）楼层钢梁吊装就位后应按区域及时挂设安全平网。

三、钢柱及钢梁安装

钢柱安装登高时，应使用钢挂梯或设置在钢柱上的爬梯。

钢柱的接柱应使用操作台。操作台横杆高度，当无电焊防风要求时，其高度不宜小于 1.2m，有电焊防风要求时，其高度不宜小于 1.8m。

登高安装钢梁时（图 8-2），应视钢梁高度，在两端设置挂梯或搭设钢管脚手架。

图 8-3 中存在问题：

①处绳的自然下垂度过大。

正确做法：

（1）梁面上需行走时，其一侧的临时护栏横杆可采用钢索，当改用扶手绳时，绳的自然下垂度不应大于 1/20，并应控制在 10cm 以内。

（2）安全绳的长度限制在 1.5~2m，超过 3m 需要使用缓冲器，严禁将安全绳打结使用。

图 8-2　钢柱及钢梁安装作业（一）

图 8-3　钢柱及钢梁安装作业（二）

第二节 悬空作业

一、基本规定

1. 建筑施工中凡涉及悬空作业的，应在施工组织设计或施工方案中制定高处作业安全技术措施。

2. 悬空作业施工前，应对安全防护设施进行检查、验收，验收合格后方可进行作业，并应做验收记录。

3. 悬空作业施工前，应对作业人员进行安全技术交底，并应记录。应对初次作业人员进行培训。

4. 悬空作业施工前，应检查作业区域的安全标志、工具、仪表、电气设施和设备，确认其完好后，方可进行施工。

5. 悬空作业人员应根据作业的实际情况配备相应的高处作业安全防护用品，并应按规定正确佩戴和使用相应的安全防护用品、用具。

6. 在雨、霜、雾、雪等天气进行悬空作业时，应采取防滑、防冻和防雷措施，并应及时清除作业面上的水、冰、雪、霜。

7. 当遇有 6 级及以上强风、浓雾、沙尘暴等恶劣气候时，不得进行悬空作业。雨雪天气后，应对高处作业安全设施进行检查，当发现有松动、变形、损坏或脱落等现象时，应立即修理完善，维修合格后方可使用。

8. 悬空作业应设有牢固的立足点，并应配置登高和防坠落的设施。

9. 严禁在未固定、无防护的构件及安装中的管道上作业或通行。

二、钢构件吊装和管道安装

1. 构件吊装和管道安装时的悬空作业应符合下列规定：

（1）结构吊装，构件宜在地面组装，安全设施应一并设置，吊装时，应在作业层下方设置一道水平安全网（图 8-4）。

（2）吊装钢筋混凝土屋架、梁、柱等大型构件前（图 8-5），应在构件上预先设置登高通道、操作立足点等安全设施。

2. 在高空安装大模板、吊装第一块预制构件或单独的大中型预制构件时，应站在作业平台上操作（图 8-6）。

3. 钢结构安装施工宜在施工层搭设水平通道，水平通道两侧应设置防护栏杆；当利用钢梁作为水平通道时，应

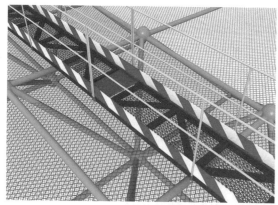

图 8-4 钢构件吊装防护

图 8-5 钢构件吊装作业

图 8-6 钢结构安装作业

图 8-7 钢构件安装作业

在钢梁一侧设置连续的安全绳，安全绳宜采用钢丝绳。

4. 钢结构、管道等安装施工的安全防护设施宜采用标准化、定型化设施。

图 8-7 中存在问题：

①处在无防护设施的构件上进行作业。

②处施工人员未佩戴安全帽。

正确做法：

（1）严禁在未固定、无防护设施的构件及安装中的管道上进行作业或通行。

（2）进入施工现场必须正确佩戴安全帽。

三、模板支撑体系搭设和拆卸

模板支撑体系搭设和拆卸的悬空作业（图8-8），应符合下列规定：

模板支撑的搭设和拆卸应按规定程序进行，不得在连接件和支撑件上攀登上下，不得在上下同一垂直面上装拆模板。

图8-9中存在问题：

①处拆模时未设置操作平台。

②处高处拆模作业未配置登高用具。

正确做法：

（1）在坠落基准面2m及以上高处搭设与拆除柱模板及悬挑结构的模板时，应设置操作平台。

（2）在进行高处拆模作业时，应配置登高用具或搭设支架。

图8-8 模板支撑体系搭设作业（一）

图8-9 模板支撑体系搭设作业（二）

四、绑扎钢筋和预应力张拉

图 8-10 中存在问题：

①处绑扎立柱和墙体钢筋，站在钢筋骨架上或攀登骨架上作业。

正确做法：

绑扎钢筋和预应力张拉的悬空作业应符合下列规定：

绑扎立柱和墙体钢筋，不得站在钢筋骨架上或攀登骨架。

图 8-11 中存在问题：

①处操作平台不规范，且无防护挡板。

正确做法：

（1）在 2m 以上的高处绑扎柱钢筋时，应搭设操作平台。

（2）在高处进行预应力张拉时，应搭设有防护挡板的操作平台。

图 8-10　绑扎钢筋作业（一）

图 8-11　绑扎钢筋作业（二）

图 8-12 混凝土浇筑作业

五、混凝土浇筑与结构施工

图 8-12 中存在问题：

①处无密目式安全立网封闭。

正确做法：

混凝土浇筑与结构施工的悬空作业应符合下列规定：

（1）浇筑高度 2m 及以上的混凝土结构构件时，应设置脚手架或操作平台。

（2）悬挑的混凝土梁和檐、外墙和边柱等结构施工时，应搭设脚手架或操作平台，并应设置防护栏杆，采用密目式安全立网封闭。

六、屋面作业

屋面作业时应符合下列规定：

（1）在坡度大于 1∶2.2 的屋面上作业，当无外脚手架时，应在屋檐边设置不低于 1.5m 高的防护栏杆（图 8-13），并应采用密目式安全立网全封闭。

（2）在轻质型材等屋面上作业时（图 8-14），应搭设临时走道板，不得在轻质型材上行走；安装轻质型材板前，应采取在梁下支设安全平网或搭设脚手架等安全防护措施。

图 8-13 屋面安全防护栏杆

图 8-14 屋面及轻质型材屋面的作业

七、外墙作业

外墙作业时（图 8-15）应符合下列规定：

门窗作业时，应有防坠落措施，操作人员在无安全防护措施情况下，不得站立在樘子、阳台栏板上作业。

图 8-16 中存在问题：

①处高处作业使用座板式单人吊具。

正确做法：

高处作业不得使用座板式单人吊具。

图 8-15　外墙作业（一）

图 8-16　外墙作业（二）

第九章

操作平台

第一节　移动式操作平台

1. 操作平台应通过设计计算，并编制专项方案。

2. 平台面铺设的钢、木或竹胶合板等材质的脚手板，应符合材质和承载力要求，并应平整满铺及可靠固定。

3. 操作平台的临边应设置防护栏杆，单独设置的操作平台应设置供人上下、踏步间距不大于400mm的扶梯。

4. 应在操作平台明显位置设置标明允许负载值的限载牌及限定允许的作业人数，物料应及时转运，不得超重、超高堆放。

5. 操作平台使用中应每月不少于1次定期检查，应由专人进行日常维护工作，及时消除安全隐患。

6. 操作平台用的钢管和扣件应有产品合格证；搭设前应对基础进行检查验收，搭设中应随施工进度按结构层对操作平台进行检查验收。

7. 遇6级以上大风、雷雨、大雪等恶劣天气及停用超过1个月，恢复使用前，应进行检查。

基本规定

1. 移动式操作平台面积不宜大于10m²，高度不宜大于5m，高宽比不应大于2∶1，施工荷载不应大于1.5kN/m²。

2. 移动式操作平台的轮子与平台架体连接应牢固，立柱底端离地面不得大于80mm，行走轮和导向轮应配有制动器或刹车闸等制动措施。

3. 移动式操作平台移动时，操作平台上不得站人。

4. 移动式操作平台现场组装后，必须严格按照标准验收，并悬挂限重及验收标识。

5. 移动平台工作使用状态时，四周应加设抛撑固定。

6. 移动式行走轮承载力≥5kN，制动力矩≥2.5N·M，移动式操作平台架体应保持垂直，不得弯曲变形，制动器除在移动情况外，均应保持制动状态。

7. 多层多组活动架组装的移动平台必须用扣件钢管加固，每步用横向水平杆拉接在活动架体上，每隔一跨架体用竖向钢管拉接，超过3层的必须拉设剪刀撑，同时移动平台的高度与最窄边的比例不大于2∶1，并设置三角形抛撑加固。

8. 移动平台作业层必须满铺脚手板，设置防护栏杆，高度为1m。

图 9-1　移动式操作平台

图 9-1 中存在问题：

①处未悬挂限重及验收标识。

正确做法：

（1）移动式操作平台面积不宜大于 $10m^2$，高度不宜大于 5m，高宽比不应大于 2∶1，施工荷载不应大于 $1.5kN/m^2$。

（2）移动式操作平台的轮子与平台架体连接应牢固，立柱底端离地面不得大于 80mm，行走轮和导向轮应配有制动器或刹车闸等制动措施。

（3）移动式操作平台移动时，操作平台上不得站人。

（4）移动平台应悬挂限重及验收标识。

（5）移动平台工作使用时，四周应加设抛撑固定。

第二节　落地式操作平台

基本要求

1. 操作平台高度不应大于 15m，高宽比不应大于 3：1。

2. 操作平台应与建筑物进行刚性连接或加设防倾措施，不得与脚手架连接。

3. 用脚手架搭设操作平台时，其立杆间距和步距等结构要求应符合国家现行相关脚手架规范的规定；应在立杆下部设置底座或垫板、纵向与横向扫地杆，并应在外立面设置剪刀撑或斜撑。

4. 操作平台应从底层第一步水平杆起逐层设置连墙件，且连墙件间隔不应大于 4m，并应设置水平剪刀撑。连墙件应为可承受拉力和压力的构件，并应与建筑结构可靠连接。

5. 落地式操作平台一次搭设高度不应超过相邻连墙件 2 步以上，落地式操作平台拆除应由上而下逐层进行，严禁上下同时作业，连墙件应随施工进度逐层拆除。

6. 落地式操作平台应符合有关脚手架规范的规定，检查与验收应符合下列规定：

（1）搭设操作平台的钢管和扣件应有产品合格证；

（2）搭设前应对基础进行检查验收，搭设中应随施工进度按结构层对操作平台进行检查验收；

（3）遇 6 级以上大风、雷雨、大雪等恶劣天气及停用超过一个月恢复，使用前应进行检查；

（4）操作平台使用中，应定期进行检查。

图 9-2 中存在问题：

①处操作平台与脚手架连接。

②处未设置剪刀撑或斜撑。

③处平台未设置防护栏杆、挡脚板及密目安全网。

图 9-2　落地式操作平台

正确做法：

（1）操作平台应与建筑物进行刚性连接或加设防倾措施，不得与脚手架连接。

（2）用脚手架搭设操作平台时，其立杆间距和步距等结构要求应符合国家现行相关脚手架规范的规定；应在立杆下部设置底座或垫板、纵向与横向扫地杆，并应在外立面设置剪刀撑或斜撑。

（3）操作平台必须设置不低于 1.2m 的高度防护栏杆及不低于 18mm 的高挡脚板，并悬挂安全网封闭。

第三节　悬挑式操作平台

1. 操作平台的搁置点、拉结点、支撑点应设置在稳定的主体结构上，且应可靠连接。

2. 严禁将操作平台设置在临时设施上。

3. 悬挑式操作平台的悬挑长度不宜大于 5m，均布荷载不应大于 5.5kN/m²，集中荷载不应大于 15kN，悬挑梁应锚固固定。

4. 采用斜拉方式的悬挑式操作平台，平台两侧的连接吊环应与前后两道斜拉钢丝绳连接，每一道钢丝绳应能承载该侧所有荷载。

5. 采用支承方式的悬挑式操作平台，应在钢平台下方设置不少于两道斜撑，斜撑的一端应支承在钢平台主体结构钢梁下，另一端应支承在建筑物主体结构。

6. 采用悬臂梁式的操作平台，应采用型钢制作悬挑梁或悬挑桁架，不得使用钢管，其节点应采用螺栓或焊接的刚性节点。当平台板上的主梁采用与主体结构预埋件焊接时，预埋件、焊缝均应经设计计算，建筑主体结构应同时满足强度要求。

7. 严禁超载或长期堆放材料，随堆随吊；堆放材料高度不得超过平台护栏高度；严禁将平台作为休息平台；平台上的施工人员和物料的总重量，严禁超过设计的容许荷载。

8. 卸料平台搭设完毕，必须经施工技术人员、专职安全管理人员进行验收，确认符合设计要求，并签署意见，办理验收手续后方可投入使用。

基本规定

1. 悬挑式操作平台（图9-3、图9-4）应设置4个吊环，吊运时应使用卡环，不得使吊钩直接钩挂吊环。吊环应按

图9-3　悬挑式操作平台（一）

图9-4　悬挑式操作平台（二）

通用吊环或起重吊环设计，并应满足强度要求。

2.悬挑式操作平台安装时，钢丝绳应采用专用的钢丝绳夹连接，卸料平台钢丝绳与水平悬挑梁的夹角宜为45°~60°，钢丝绳夹数量应与钢丝绳直径相匹配，且不得少于4个。建筑物锐角、利口周围系钢丝绳处应加衬软垫物。

3.悬挑式操作平台的外侧应略高于内侧；外侧应安装防护栏杆并应设置防护挡板全封闭并设置限载牌及安全警示牌。悬挑平台标注限载吨位及验收、维护、安装责任人，工人限数为1~2人。

4.人员不得在悬挑式操作平台吊运、安装时上下。

5.悬挑式平台应按照专项施工方案搭设并应有独立的支撑系统，严禁与脚手架、支模架、垂直运输机械等连接。

6.悬挑式平台应采用厚40mm以上木板铺设，并设有防滑条。

7.严禁使用扣件式钢管搭设悬挑式卸料平台。

8.卸料平台出入口上口必须采用符合要求的硬防护。

第十章

交叉作业

第一节　基本规定

1. 施工现场立体交叉作业时，下层作业的位置，应处于坠落半径之外，坠落半径见表10-1的规定，模板、脚手架等拆除作业应适当增大坠落半径。当达不到规定时，应设置安全防护棚，下方应设置警戒隔离区。

坠落半径设置规定　　　　　　　　　　表10-1

序号	上层作业高度（hb）	坠落半径（m）
1	$2 \leqslant h \leqslant 5$	3
2	$5 < h \leqslant 15$	4
3	$15 < h \leqslant 30$	5
4	$h > 30$	6

2. 施工现场人员进出的通道口应搭设防护棚（图10-1）。

（a）侧立面图　　　　　　（b）正立面图

图 10-1　进出通道口搭设防护棚

第二节　安全防护棚

图10-2和图10-3中存在问题：

①处安全防护棚未采用双层防护。

正确做法：

（1）当安全防护棚为非机动车辆通行时，棚底至地面高度不应小于3m，当安全防护棚为机动车辆通行时，棚底至地面高度不应小于4m。

（2）当建筑物高度大于24m并采用木质板搭设时，应搭设双层安全防护棚。两层防护的间距不应小于700mm，安全防护棚的高度不应小于4m。

（3）当安全防护棚的顶棚采用竹笆或木质板搭设时，应采用双层搭设，间距不应小于700mm；当采用木质板或与其等强度的其他材料搭设时，可采用单层搭设，木板厚度不应小于50mm。防护棚的长度应根据建筑物高度与可能坠落半径确定。

（4）处于起重机臂架回转范围内的通道，应搭设安全防护棚。

（5）施工现场人员进出的通道口，应搭设安全防护棚。

（6）不得在安全防护棚棚顶堆放物料。

图 10-2 安全防护棚

图 10-3 密目式安全立网

第三节　安全防护网

图 10-4 中存在问题：

①处相邻密目网未紧密结合或重叠。

②处安全网搭设绑扎不牢固、网间不严密。

③处安全网内存留杂物。

正确做法：

（1）安全防护网搭设时，应每隔 3m 设一根支撑杆，支撑杆水平夹角不宜小于 45°。

（2）当在楼层设支撑杆时，应预埋钢筋环或在结构内外侧各设一道横杆。

（3）对搭设脚手架和设置安全防护棚时的交叉作业，应设置安全防护网，当在多层、高层建筑外立面施工时，应在二层及每隔 4 层设一道固定的安全防护网，同时设一道随施工高度提升的安全防护网。

（4）密目式安全立网搭设每个开眼环扣应穿入系绳，系绳应绑扎在支撑架上，间距不得大于 450mm。相邻密目网间应紧密结合或重叠。

（5）安全防护网应外高里低，网与网之间应拼接严密。

（6）安全网搭设应绑扎牢固、网间严密。安全网的支撑架应具有足够的强度和稳定性，网内不得存留杂物。

（7）当需采用平网进行防护时，严禁使用密目式安全立网代替平网使用。

图 10-4　安全平网